高等院校计算机类专业系列教材

网页设计基础

主编 罗印 刘衍会 贺纪桦

西安电子科技大学出版社

内容简介

　　本书采用最新的 Web 标准，以 HTML+CSS 为基础，由浅入深、完整详细地介绍了 HTML5 和 CSS3 网页设计内容。本书采用项目任务的编写方式，以案例式任务驱动为主线编排内容。全书共分 5 个项目、16 个任务，引导读者学习网页设计、制作、规划等基本知识以及项目开发的完整流程。

　　本书适合作为高等学校、职业院校计算机及相关专业的教材，也可作为培训机构的教材，还可供网页制作爱好者与网站开发维护人员学习参考。

图书在版编目(CIP)数据

网页设计基础 / 罗印，刘衍会，贺纪桦主编 . -- 西安：西安电子科技大学出版社，2024.5
ISBN 978-7-5606-7241-0

Ⅰ . ①网… Ⅱ . ①罗… ②刘… ③贺… Ⅲ . ① 网页制作工具　 Ⅳ . ① TP393.092

中国国家版本馆CIP数据核字(2024)第 076338 号

策　　划	刘统军
责任编辑	杨丕勇
出版发行	西安电子科技大学出版社（西安市太白南路 2 号）
电　　话	(029)88202421　88201467　　　　邮　　编　710071
网　　址	www.xduph.com　　　　　　电子邮箱　xdupfxb001@163.com
经　　销	新华书店
印刷单位	陕西天意印务有限责任公司
版　　次	2024 年 5 月第 1 版　　2024 年 5 月第 1 次印刷
开　　本	787 毫米 × 1092 毫米　　1/16　　印　张　15
字　　数	354 千字
定　　价	60.00 元

ISBN 978-7-5606-7241-0 / TP

XDUP 7543001-1

前　言

党的二十大报告指出，到 2035 年，我国要建成教育强国、科技强国、人才强国，推动战略性新兴产业融合集群发展，构建新一代信息技术、人工智能等一批新的增长引擎。教育、科技、人才是全面建设社会主义现代化国家的基础性、战略性支撑。随着社会的发展，传统的教学模式已难以满足就业的需要：一方面，大量的毕业生难以找到满意的工作；另一方面，用人单位却在感叹无法招到符合职位要求的人才。因此，从传统的偏重知识的传授转向注重职业能力的培养，激发学生的学习兴趣，培养学生的创新和实践能力，已成为大多数高等学校及中、高等职业技术院校的共识。

本书采用项目任务的编写方式，以案例式任务驱动为主线，把知识与实例设计、制作、分析融为一体，并配备运行效果图，能够帮助读者理解所学的理论知识，系统全面地掌握网页制作技术。全书共分 5 个项目、16 个任务，主要包括 HTML5 基础，网页样式表 (CSS)，使用 CSS 设置链接、列表与菜单，应用和美化表格，应用和美化表单等内容。其中，任务 1～任务 3 为 HTML5 相关内容，任务 4～任务 7 为网页样式表 (CSS) 相关内容，任务 8～任务 12 为使用 CSS 设置链接、列表与菜单内容，任务 13～任务 16 为应用和美化表格、表单内容。

本书采用新型活页式装订方式，方便教学使用。

本书由罗印、刘衍会、贺纪桦三位老师共同完成。其中，任务 1、任务 3 至任务 8、任务 16 由刘衍会老师编写，任务 2、任务 9 至任务 15 由贺纪桦老师编写。罗印老师负责所有任务的审核校对工作。

本书在编写过程中参考了诸多同类型优秀教材，在此向原作者表示衷心的感谢。

由于编者水平有限，书中难免有不妥之处，恳请读者批评指正。

编　者

2023 年 9 月

目　录

CONTENTS

项目一 HTML5 基础

知识目标

(1) 了解 HTML5 的发展历程，熟悉 HTML5 浏览器的支持情况。

(2) 掌握 HTML5 文档的基本格式、HTML 标记和标记的属性，以及 HTML5 文档头部的相关标记。

(3) 理解 HTML5 的基本语法，掌握 HTML5 语法的新特性。

(4) 掌握 HTML 文本控制标记的用法，能够使用该类标签定义文本；掌握 HTML 图像标签的用法，能够定义图像。

(5) 掌握路径的用法，能够在 HTML 标记中正确引入相对路径和绝对路径。

(6) 掌握超链接标记的用法，能够在 HTML 中添加超链接。

(7) 掌握结构元素的使用方法，可以使页面分区更明确。

(8) 理解分组元素的使用方法，能够建立简单的标题组。

(9) 掌握页面交互元素的使用方法，能够实现简单的交互效果。

(10) 理解文本层次语义元素，能够在页面中突出所标记的文本内容。

(11) 掌握全局属性的应用，能够使页面元素实现相应的操作。

技能目标

(1) 能够利用 Adobe Dreamweaver CS6 创建 HTML5 文档。

(2) 能够熟练应用 Adobe Dreamweaver CS6 中的各种菜单和命令。

(3) 能够熟练应用 HTML 标签编写网页内容。

(4) 能够熟练应用 HTML5 新增结构标签实现页面结构划分。

(5) 能够熟练应用 HTML5 的交互性元素、文本层次性元素、全局属性等设计页面简单交互效果。

思政目标

(1) 认识网页设计基础在专业课中的重要性，调动学生学习的积极性和主动性。

(2) 培养学生勤奋学习的态度和严谨求实、勇于创新的工作作风。

(3) 培养学生良好的学习习惯，促进学生自主学习。

任务 1　创建第一个 HTML5 页面

一、任务引入

小 H 在网上查看信息，想要搜索目前社会上比较紧缺的人才类型。当他看到前端工程师成为互联网＋时代的职场新贵，有着很好的职业发展前景和薪酬待遇时，就萌生了想要从事这方面工作的念头。可是，对于"前端开发"而言，小 H 完全是个新手，对于网站开发和网页设计，他一窍不通。在非常仔细地查看了具体的岗位需求后，小 H 决定要好好学习"前端开发"的相关知识，由此进入了漫长但又有趣的学习过程。

二、相关知识

1. HTML5 概述

HTML(Hyper Text Markup Language) 是用来描述网页的超文本标记语言。HTML 并不是编程语言。标记语言是一套标记标签 (Markup Tag)，用于创建网页。HTML 文档包含了 HTML 标签及文本内容，HTML 文档也叫作 Web 页面。

HTML5 是 HTML 的第 5 代版本。从某种意义上讲，从 HTML4.0、XHTML 到 HTML5 是 HTML 描述性标记语言的一种更加规范的过程。在 HTML5 之前，各个浏览器之间的标准不统一，给网站开发人员带来了很大的麻烦。HTML5 的目标就是将 Web 带入一个成熟的应用平台。在 HTML5 平台上，视频、音频、图像、动画及其与计算机的交互都将被标准化。

1) HTML 的发展历程

1993 年，HTML 首次以因特网的形式发布，至今已 30 多年。随着 HTML 的发展，W3C(World Wide Web Consortium，万维网联盟) 掌握了对 HTML 规范的控制权，负责后续版本的制定工作，并快速发布了 HTML 的 4 个版本。

随着技术的发展，HTML 迫切需要添加新功能，制定新规范。2004 年，一些浏览器厂商联合成立了 WHATWG 工作组；2006 年，W3C 组建了新的 HTML 工作组，明智地采纳了 WHATWG 的意见，并于 2008 年发布了 HTML5 的工作草案。

2014 年 10 月 29 日，万维网联盟宣布，经过 8 年的艰辛努力，HTML5 标准规范终于制定完成，并公开发布。

2) HTML5 的优势

HTML5 具有以下优势：

(1) 解决了跨浏览器问题。

(2) 新增了多个新特性。

(3) 基于用户优先的原则。如果存在未解决的冲突，规范将用户放在首位。此外，为了提升 HTML5的使用体验，还加强了以下两个方面的设计：

① 安全机制的设计。

② 表现和内容相分离的设计。

(4) 能够化繁为简，具体体现在以下几个方面：

① 新的简化的字符集声明。

② 新的简化的 DOCTYPE。

③ 简单而强大的 HTML5 API。

④ 以浏览器原生能力替代复杂的 JavaScript 代码。

为了实现这些简化操作，HTML5 规范需要比以前更加细致、精确。为了避免造成误解，HTML5 对每一个细节都有着非常明确的规范说明，不允许有歧义和模糊出现。

3) HTML5 浏览器的支持情况

现今，浏览器的许多新功能都是从 HTML5 标准中发展而来的。目前常用的浏览器有 IE 浏览器、火狐 (Firefox) 浏览器、谷歌 (Chrome) 浏览器、猎豹浏览器、Safari 浏览器、Opera 浏览器等，如图 1-1 所示。通过对这些主流 Web 浏览器的发展策略进行调查，发现它们都在支持 HTML5 上采取了措施。

IE 浏览器　　　　火狐浏览器　　　　谷歌浏览器

猎豹浏览器　　　Safari 浏览器　　　Opera 浏览器

图 1-1　常用的浏览器图标

2. HTML5 基础

1) HTML5 文档的基本格式

学习任何一门语言，首先要掌握它的基本格式，就像写信需要符合书信的格式要求一样，HTML5 标记语言同样需要遵从一定的规范。下面以使用 Dreamweaver 新建 HTML5 默认文档时自带的源码 (如例 1-1 所示) 为例，介绍 HTML5 文档的基本格式。

例 1-1　HTML5 文档的基本格式如下：

```
<!doctype html>
<html>
<head>
<meta charset="utf-8">
```

```
<title> 无标题文档 </title>
</head>
<body>
</body>
</html>
```

HTML5 文档的基本格式主要包括 <!doctype> 文档类型声明、<html> 根标记、<head> 头部标记、<body> 主体标记。HTML 标记又称为 HTML 标签 (HTML Tag)，它是由尖括号包围的关键词，比如 <html>。HTML 标签通常是成对出现的，比如 <b> 和 </b>，其中第一个标签是开始标签，第二个标签是结束标签，开始标签和结束标签也被称为开放标签和闭合标签。具体介绍如下：

(1) <!doctype> 标记。<!doctype> 标记位于文档的最前面，用于向浏览器说明当前文档使用哪种 HTML 或 XHTML 标准规范。HTML5 文档中的 doctype 声明非常简单 (不需要区分大小写)，代码如下：

```
<!doctype html>
```

只有在开头处使用 <!doctype> 声明，浏览器才能将该网页作为有效的 HTML 文档，并按指定的文档类型进行解析。使用 HTML5 的 doctype 声明，会触发浏览器以标准兼容模式来显示页面。

(2) <html></html> 标记。<html> 标记位于 <!doctype> 标记之后，也称为根标记，用于告知浏览器其自身是一个 HTML 文档。<html> 标记标志着 HTML 文档的开始，</html> 标记标志着 HTML 文档的结束，在它们之间的是文档的头部和主体内容。

(3) <body></body> 标记。<body> 标记用于定义 HTML 文档所要显示的内容，也称为主体标记。浏览器中显示的所有文本、图像、音频和视频等信息都必须位于 <body> 标记内，<body> 标记中的信息才是最终展示给用户看的。

一个 HTML 文档只能含有一对 <body> 标记，且 <body> 标记必须在 <html> 标记内，位于 <head> 头部标记之后，与 <head> 标记是并列关系。

2) HTML5 语法

(1) 标记不区分大小写。HTML5 采用宽松的语法格式，标记可以不区分大小写，这是 HTML5 语法变化的重要体现。例如：

```
<p> 这里的 p 标记大小写不一致 </P>
```

在上面的代码中，虽然 p 标记的开始标记与结束标记大小写并不匹配，但是在 HTML5 语法中是完全合法的。

(2) 允许属性值不使用引号。在 HTML5 语法中，属性值不放在引号中也是正确的。例如：

```
<input checked=a type=checkbox/>
<input readonly=readonly type=text />
```

以上代码都是完全符合 HTML5 规范的，等价于：

```
<input checked="a" type="checkbox"/>
<input readonly="readonly" type="text" />
```

(3) 允许部分属性的属性值省略。 在 HTML5 中，部分标志性属性的属性值可以省略。例如：

```
<input checked="checked" type="checkbox"/>
<input readonly="readonly" type="text" />
```

以上代码可以省略为：

```
<input checked type="checkbox"/>
<input readonly type="text" />
```

从上述代码可以看出，checked="checked" 可以省略为 checked，而 readonly="readonly" 可以省略为 readonly。

3) HTML 标记

在 HTML 页面中，带有 "< >" 符号的元素均被称为 HTML 标记，如上面提到的 <html>、<head>、<body> 都是 HTML 标记。所谓标记，就是放在 "< >" 标记符中表示某个功能的编码命令，也称为 HTML 标签或 HTML 元素，本书统一称作 HTML 标记。

为了方便学习和理解，通常将 HTML 标记分为两大类，分别是双标记与单标记。

(1) 双标记。双标记也称体标记，是指由开始和结束两个标记符组成的标记。其基本语法格式如下：

    < 标记名 > 内容 </ 标记名 >

在上面的语法中，< 标记名 > 表示该标记的作用开始，一般称为开始标记 (Start Tag)；</ 标记名 > 表示该标记的作用结束，一般称为结束标记 (End Tag)。和开始标记相比，结束标记只是在前面加了一个关闭符 "/"。

(2) 单标记。单标记也称空标记，是指用一个标记符号即可完整地描述某个功能的标记。其基本语法格式如下：

    < 标记名 />

常用的单标记有
、<hr />，分别用于实现换行和定义水平线。

在 HTML 中还有一种特殊的标记，即注释标记。如果在 HTML 文档中添加一些便于阅读和理解但又不需要显示在页面中的注释文字，则需要使用注释标记。其基本语法格式如下：

    <!-- 注释语句 -->

例如，为 <p> 标记添加一段注释，代码如下：

    <p> 这是一段普通的段落。</p>   <!-- 这是一段注释 , 不会在浏览器中显示。-->

需要说明的是，注释内容不会显示在浏览器窗口中，但是作为 HTML 文档内容的一部分，可以被下载到用户的计算机上，当查看源代码时就可以看到。

4) 标记的属性

使用 HTML 制作网页时，如果要让 HTML 标记提供更多的信息，例如希望标题文本的字体为"微软雅黑"且居中显示，此时仅仅依靠 HTML 标记的默认显示样式已经不能满足需求了，需要对 HTML 标记的属性加以设置。其基本语法格式如下：

　　<标记名 属性 1=" 属性值 1" 属性 2=" 属性值 2" …> 内容 </ 标记名 >

在上面的语法中，标记可以拥有多个属性，属性必须写在开始标记中，位于标记名后面。属性之间不分先后顺序，标记名与属性、属性与属性之间均以空格分开，任何标记的属性都有默认值，省略该属性则取默认值。例如：

　　<h1 align="center" > 标题文本 <h1>

其中，align 为属性名；center 为属性值，表示标题文本居中对齐。对于标题标记，还可以设置文本左对齐或右对齐，对应的属性值分别为 left 和 right。如果省略 align 属性，标题文本则按默认值左对齐显示。

书写 HTML 页面时，经常会在一对标记之间再定义其他的标记，即在 <p> 标记中包含 <strong> 标记，在 HTML 中，把这种标记间的包含关系称为标记的嵌套。嵌套结构如下：

　　<p>HTML5 是

　　　　<strong> 新的 HTML 标准 </strong>

　　　　是对 HTML 和 XHTM 的继承和发展，越来越多的网站开发者使用 HTML5 构建网站。

　　</p>

需要注意的是，在标记的嵌套过程中，必须先结束最靠近内容的标记，再按照由内及外的顺序依次关闭标记。

5) HTML5 文档头部相关标记

制作网页时，经常需要设置页面的基本信息，如页面的标题、作者、与其他文档的关系等。为此，HTML 提供了一系列标记，这些标记通常都写在 <head> 标记内，被称为头部相关标记。

(1) <title></title> 标记。<title> 标记用于定义 HTML 页面的标题，即给网页取一个名字，而名字必须位于 <head> 标记之内。一个 HTML 文档只能含有一对 <title> 标记，并且 <title> 之间的内容将显示在浏览器窗口的标题栏中。其基本语法格式如下：

　　<title> 网页标题名称 </title>

线框内显示的文本即为 <title> 标记里的内容，如图 1-2 所示。

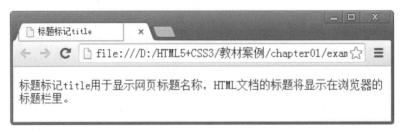

图 1-2　设置页面标题标签 <title>

(2) <meta /> 标记。<meta /> 标记用于定义页面的元信息，可重复出现在 <head> 头部标记中。在 HTML 中，<meta/> 标记是一个单标记。<meta /> 标记本身不包含任何内容，以"名称 / 值"的形式成对地使用其属性，可定义页面的相关参数，例如为搜索引擎提供网页的关键字、作者姓名、内容描述以及定义网页的刷新时间等。下面介绍 <meta /> 标记常用的几组设置，具体如下：

- <meta name=" 名称 " content=" 值 " />

例如，设置网页关键字：

<meta name="keywords" content="java 培训 ,.net 培训 ,PHP 培训 ,C/C++ 培训 ,iOS 培训 , 网页设计培训 , 平面设计培训 ,UI 设计培训 " />

例如，设置网页描述：

<meta name="description" content="IT 培训的龙头老大 , 口碑最好的 java 培训、.net 培训、php 培训、C/C++ 培训、iOS 培训、网页设计培训、平面设计培训、UI 设计培训机构，问天下 java 培训、.net 培训、php 培训、C/C++ 培训、iOS 培训、网页设计培训、平面设计培训、UI 设计培训机构，谁与争锋 ? " />

例如，设置网页作者：

<meta name="author" content=" 四川托普信息技术职业学院课程研发部 " />

- <meta http-equiv=" 名称 " content=" 值 " />

例如，设置字符集：

<meta http-equiv="Content-Type" content="text/html; charset=utf-8" />

对于中文网页需要使用 <meta charset="utf-8"> 声明编码，否则会出现乱码。有些浏览器 (如 360 浏览器) 会设置 GBK 为默认编码，则用户需要设置为 <meta charset="gbk">。目前，在大部分浏览器中，直接输出中文会出现中文乱码，这时需要在头部将字符声明为 utf-8。

例如，设置页面自动刷新与跳转：

<meta http-equiv="refresh" content="10;url=http://www.scetop.com" />

(3) <link> 标记。一个页面往往需要多个外部文件的配合，在 <head> 中使用 <link> 标记可引用外部文件，一个页面允许使用多个 <link> 标记引用多个外部文件。其基本语法格式如下：

<link rel="stylesheet" type="text/css" href="style.css" />

<link> 标记的常用属性如表 1-1 所示。

表 1-1　<link> 标记的常用属性

属性名	常用属性值	描　　述
href	URL	指定引用外部文档的地址
rel	stylesheet	指定当前文档与引用外部文档的关系。该属性值通常为 stylesheet，表示定义一个外部样式表
type	text/css	引用外部文档的类型为 CSS 样式表
	text/javascript	引用外部文档的类型为 JavaScript 脚本

(4) <style></style> 标记。<style> 标记用于为 HTML 文档定义样式信息，一般位于 <head> 头部标记中。其基本语法格式如下：

<style 属性 =" 属性值 "> 样式内容 </style>

在 HTML 中使用 style 标记时，常常定义其属性为 type，相应的属性值为 text/css，表

示使用内嵌式的 CSS 样式。

三、资源准备

1. 教学设备与工具

(1) 电脑 (每人一台);

(2) U 盘、相关的软件 (Adobe Dreamweaver CS6 或 HBuilder)。

2. 职位分工

职位分工表如表 1-2 所示。

表 1-2　职位分工表

职　位	小组成员 (姓名)	工　作　分　工	备　注
组长 A			小组角色由组长进行统一安排。下一个项目角色职位互换，以提升综合职业能力
组员 B			
组员 C			
组员 D			
组员 E			

四、实践操作 —— 创建第一个HTML5页面

1. 准备阶段 —— 启动 Adobe Dreamweaver CS6

双击桌面上的 图标，即可启动 Adobe Dreamweaver CS6，如 图 1-3 所示。

案例 1　创建第一个 HTML5 页面

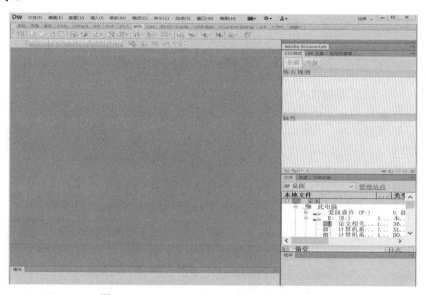

图 1-3　Adobe Dreamweaver CS6 启动后界面

初次启动时，会出现"欢迎屏幕"，如图 1-4 所示。用户可点击"不再显示"复选框，取消欢迎界面。再次启动时，该界面将不再显示。

图 1-4　Adobe Dreamweaver CS6"欢迎屏幕"

用户也可在"首选参数"对话框里进行取消欢迎界面的设置，方法如下：点击"编辑"菜单，选择"首选参数"菜单项，在弹出的"首选参数"对话框里选择"分类"列表下的"常规"选项，在"文档选项"里将勾选的"显示欢迎屏幕"取消，最后点击"确定"按钮即可，如图 1-5 所示。

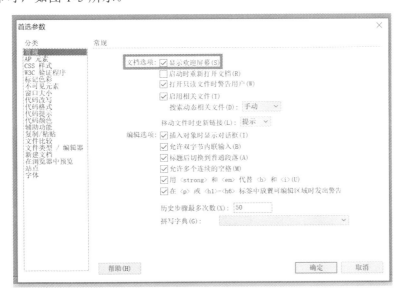

图 1-5　取消"显示欢迎屏幕"设置

2. 文档操作阶段——新建 HTML5 文档

(1) 选择菜单栏中的"文件"→"新建"选项，会出现"新建文档"窗口。这时，在"文档类型"下拉选项中选择 HTML5，然后单击"创建"按钮，即可创建一个空白的 HTML5 文档，如图 1-6 所示。

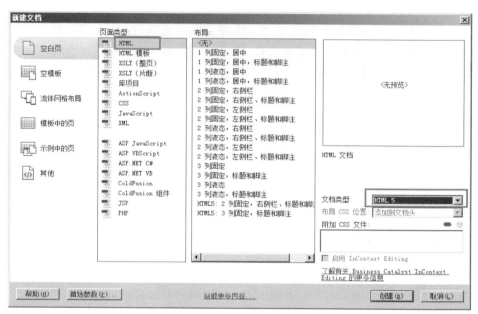

图 1-6   执行"文件"→"新建"命令

(2) 单击"确定"按钮，将会新建一个 HTML5 默认文档。切换到"代码"视图，这时在文档窗口中会出现 Dreamweaver 自带的代码，如图 1-7 所示。

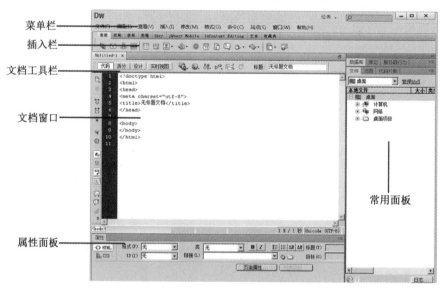

图 1-7   HTML5 文档代码视图窗口

(3) 修改 HTML5 的文档标题，将 <title> 与 </title> 标记中的"无标题文档"修改为"第一个网页"；然后，在 <body> 与 </body> 标记之间添加一段文本"这是我的第一个 HTML5 页面哦！从今天开始，我就要学习如何进行网页设计与制作了，太开心了！！！"，如图 1-8 所示。

```
1  <!doctype html>
2  <html>
3  <head>
4  <meta charset="utf-8">
5  <title>第一个网页</title>
6  </head>
7
8  <body>
9  这是我的第一个HTML5页面哦！从今天开始，我就要学习如何进行网页设计与制作了，太开心了！！！
10 </body>
11 </html>
12
```

图 1-8　修改 HTML5 代码

(4) 在菜单栏中选择"文件"→"保存"选项，或按快捷键 Ctrl+s，在弹出来的"另存为"对话框中选择文件的保存地址并输入文件名，即可保存文件。例如，直接保存在桌面上，文件名为"index.html"，如图 1-9 所示。

图 1-9　"另存为"对话框

(5) 在谷歌浏览器中运行 index.html，如图 1-10 所示。

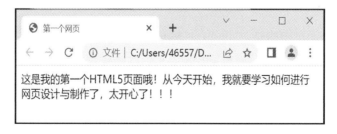

图 1-10　第一个 HTML5 页面效果

注意：网页文件的后缀名为 .html 或 .htm；由于谷歌浏览器对 HTML5 及 CSS3 的兼容性较好，而且调试网页非常方便，因此在网页制作过程中谷歌浏览器是最常用的浏览器，推荐使用。

五、总结评价

实训过程性评价表 (小组互评) 如表 1-3 所示。

表 1-3　实训过程性评价表

组别：_____　　　组员：_____　　　　　任务名称：　创建第一个 HTML5 页面

教 学 环 节	评 分 细 则	第　　　组
课前预习	基础知识完整、正确（10 分）	得分：_____
实施作业	1. 操作过程正确（15 分） 2. 基本掌握操作要领（20 分） 3. 操作结果正确（25 分） 4. 小组分工协作完成（10 分）	各环节得分： 1：_____ 2：_____ 3：_____ 4：_____
质量检验	1. 学习态度（5 分） 2. 工作效率（5 分） 3. 代码编写规范（10 分）	1：_____ 2：_____ 3：_____
总分（100 分）		

六、课后作业

1. 填空题

(1) HTML 的中文为_____，是一种文本类的由_____解释执行的标记语言。

(2) 用 HTML 语言编写的文档称为_____，HTML 文档的扩展名可以是_____或者 .htm。

(3) 静态网站首页一般命名为_____或者_____。

(4) HTML 文档的头部部分使用_____标记来标识，主体部分使用_____标记来标识。

(5) 用于设置页面标题的是_____标记。

(6) 在某一聊天页面中，如果希望每隔 2 s 显示最新聊天消息，则应将 <meta /> 标记设置为_____。

2. 判断题

(1) 静态网页页面浏览速度很快，整个过程无须链接数据库，开启页面的速度快于动态页面。（　　）

(2) 动态网页显示的内容是可以随着时间、环境或者数据库操作的结果而发生改变的。（　　）

3. 选择题

(1) 以下选项中，(　　) 不能作为静态网页页面的后缀名。

A. .html　　　B. .htm　　C. .shtml　　D. .jsp

(2) 以下描述错误的一项是 (　　)。

A. 网页的 Web 标准不是某一个标准，而是一系列标准的集合

B. Web 标准是由万维网联盟 (WWW) 制定的，分为结构标准、表现标准、行为标准

C. 主张结构标准、表现标准、行为标准相分离

D. 网页的表现是指网页对信息在显示上的控制，如对版式、颜色、大小等样式的控制；网页的行为是指网页上的交互操作

4. 实践练习

创建一个电脑配件商场网页 (shop.html)，并按如下要求设置页面头部信息。

(1) 设置网页字符集为"utf-8"。

(2) 设置网页标题为"电脑配件商城——通向计算机世界的桥梁"。

(3) 设置网页搜索关键词为"电脑配件批发、批发电脑配件、电脑配件货源、电脑配件进货、数码配件批发、电脑配件、中国电脑配件"。

(4) 设置网页描述信息为"电脑配件商城网为全国的电脑商家提供丰富的电脑配件批发服务，是电脑配件货源，是您最佳的网络电脑配件商"。

(5) 设置网页停留 10 s 后自动跳转到太平洋电脑网 (http://www.pconline.com.cn) 上。

5. 要求

(1) 完成本实训工作页的作业。

(2) 预习任务 2。

任务 2　制作"HTML5 百科"页面

一、任务引入

通过学习，小 H 已经了解了如何创建一个 HTML 文档，并掌握了文档中相关标记和属性等内容。现在，他想进一步尝试使用 HTML5 制作一个简单的页面。在实现这个页面之前，他还需要进行相应的知识准备，包括常用图像格式、图像标记 <img />、绝对路径和相对路径、超链接等方面的基础知识与技能的学习。

二、相关知识

1. 文本控制标记

在一个网页中，文字往往占有较大的篇幅，为了让文字能够排版整齐、结构清晰，HTML 提供了一系列的文本控制标记。

1) 标题和段落标记

我们经常会在页面中用到标题标记和段落标记。

(1) 标题标记。为了使网页更具有语义化，我们经常会在页面中使用标题标记。HTML 提供了 6 个等级的标题，即 <h1>、<h2>、<h3>、<h4>、<h5> 和 <h6>，从 <h1> 到 <h6> 重要性递减。其基本语法格式如下：

```
<hn align=" 对齐方式 " >标题文本 </hn>
```

在上面的语法中，n 的取值为 1 ～ 6；align 属性为可选属性，用于指定标题的对齐方式。对齐方式包含以下 3 种：

◆ left：设置标题文字左对齐 (默认值)。

◆ center：设置标题文字居中对齐。

◆ right：设置标题文字右对齐。

例如：

```
<body>
<h1>This is heading 1</h1>
<h2>This is heading 2</h2>
<h3>This is heading 3</h3>
<h4>This is heading 4</h4>
<h5>This is heading 5</h5>
<h6>This is heading 6</h6>
<p> 请仅仅把标题标签用于标题文本。不要只为了产生粗体文本而使用它们。请使用其他标签或 CSS 代替。</p>
</body>
```

标题标记效果如图 2-1 所示。

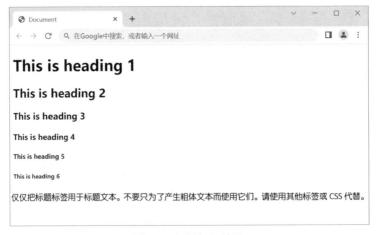

图 2-1　标题标记效果

(2) 段落标记。在网页中要把文字有条理地显示出来，离不开段落标记，如同我们平常写文章一样，整个网页也可以分为若干个段落，而段落的标记就是 <p>。默认情况下，文本在段落中会根据浏览器窗口的大小自动换行。<p> 是 HTML 文档中最常见的标记，其基本语法格式如下：

　<p align=" 对齐方式 "> 段落文本 </p>

在上面的语法中，align 属性为 <p> 标记的可选属性，和标题标记 <h1> ~ <h6> 一样，同样可以使用 align 属性设置段落文本的对齐方式。

例如：

　<body>

　<p> 这是段落。</p>

　<p> 这是段落。</p>

　<p> 这是段落。</p>

　<p> 段落元素由 p 标签定义。</p>

　</body>

段落标记效果如图 2-2 所示。

图 2-2　段落标记效果

(3) 水平线标记 <hr/>。在网页中常常看到一些水平线将段落与段落之间隔开，使得文档结构清晰，层次分明。这些水平线可以通过插入图片来实现，也可以简单地通过标记来完成。<hr/> 就是创建横跨网页水平线的标记，其基本语法格式如下：

　<hr 属性 =" 属性值 "/>

<hr/> 是单标记，在网页中输入一个 <hr/>，就添加了一条默认样式的水平线。<hr/>标记的常用属性如表 2-1 所示。

表 2-1　<hr/> 标记的常用属性

属性名	含　义	属　性　值
align	设置水平线的对齐方式	可选择 left、right、center，默认为 center，居中对齐
size	设置水平线的粗细	以像素为单位，默认为 2 像素
color	设置水平线的颜色	可用颜色名称、十六进制 #RGB、rgb(r，g，b)
width	设置水平线的宽度	可以是确定的像素值，也可以是浏览器窗口的百分比，默认为 100%

例如：

　<body>

　<p>hr 标签定义水平线：</p>

```
<hr />
<p> 这是段落。</p>
<hr />
<p> 这是段落。</p>
<hr />
<p> 这是段落。</p>
</body>
```

水平线标记效果如图 2-3 所示。

图 2-3   水平线标记效果

(4) 换行标记。在 HTML 中，一个段落中的文字会从左到右依次排列，直到浏览器窗口的右端，然后自动换行。如果希望某段文本强制换行显示，就需要使用换行标记
。

 标签是空标签 (意味着它没有结束标签，因此
</br> 是错误的)。注意，
 标签只是简单地开始新的一行，而当浏览器遇到 <p> 标签时，通常会在相邻的段落之间插入一些垂直的间距。

例如：

```
<body>
<p>
To break<br />lines<br />in a<br />paragraph,<br />use the br tag.
</p>
</body>
```

换行标记效果如图 2-4 所示。

图 2-4   换行标记效果

2) 文本格式化标记

在网页中，有时需要为文字设置粗体、斜体或下画线效果，为此 HTML 准备了专门的文本格式化标记，使文字以特殊的方式显示。常用的文本格式化标记如表 2-2 所示。

表 2-2 常用的文本格式化标记

标 记	显 示 效 果
\<b\>\</b\> 和 \<strong\>\</strong\>	文字以粗体方式显示（XHTML 推荐使用 strong）
\<i\>\</i\> 和 \<em\>\</em\>	文字以斜体方式显示（XHTML 推荐使用 em）
\<s\>\</s\> 和 \<del\>\</del\>	文字以加删除线方式显示（XHTML 推荐使用 del）
\<u\>\</u\> 和 \<ins\>\</ins\>	文字以加下画线方式显示（XHTML 不赞成使用 u）

注意：当使用文本格式化标记时，根据 HTML5 规范，在没有其他合适标签的情况下，才把 \<b\> 标签作为最后的选项。HTML5 规范声明：使用 \<h1\> ～ \<h6\> 来表示标题，使用 \<em\> 标签来表示强调的文本，使用 \<strong\> 标签来表示重要文本，使用 \<mark\> 标签来表示标注的 / 突出显示的文本。加粗和倾斜样式推荐使用 CSS 来设置。

3) 特殊字符标记

浏览网页时常常会看到一些包含特殊字符的文本，如数学公式、版权信息等。那么，如何在网页上显示这些包含特殊字符的文本呢？其实，HTML 早就为这些特殊字符准备了专门代码，也称为字符实体，如表 2-3 所示。

表 2-3 特殊字符标记

特殊字符	描 述	字符的代码 / 实体名称
	空格符	
<	小于号	&lt;
>	大于号	&gt;
&	和号	&amp;
¥	人民币	&yen;
©	版权	&copy;
®	注册商标	&reg;
°	摄氏度	&deg;
±	正负号	&plusmn;
×	乘号	&times;
÷	除号	&divide;
²	平方 2（上标 2）	&sup2;
³	立方 3（上标 3）	&sup3;

在 HTML 中，某些字符是预留的。如在 HTML 中，不能使用小于号 (<) 和大于号 (>)，这是因为浏览器会误认为它们是标签。如果要正确地显示预留字符，则必须在 HTML 源代码中使用字符实体 (Character Entities)。

字符实体类似这样：

&entity_name;　　或者　　&#entity_number;

例如：

```
<body>
<h2> 字符实体 </h2>
<p>&X;</p>
<p> 用实体数字 ( 比如 "#174") 或者实体名称 ( 比如 "pound") 替代 "X"，然后查看结果。</p>
</body>
```

特殊字符标记效果如图 2-5 所示。

图 2-5　特殊字符标记效果

2. 图像标记

1) 常用图像格式

目前，网页上常用的图像格式主要有 GIF、JPG 和 PNG 3 种。

• GIF 格式

GIF 格式最突出的地方就是它支持动画，同时它也是一种无损的图像格式。另外，GIF 支持透明 (全透明或全不透明)，因此很适合在互联网上使用。但是，GIF 只能处理 256 种颜色。在网页制作中，GIF 格式常常用于 Logo、小图标及其他色彩相对单一的图像。

• PNG 格式

PNG 格式包括 PNG-8 和真色彩 PNG(PNG-24 和 PNG-32)。相对于 GIF，PNG 最大的优势是体积更小，支持 alpha 透明 (全透明、半透明、全不透明)，并且颜色过渡更平滑，但不支持动画。

• JPG 格式

JPG 格式所能显示的颜色比 GIF 格式和 PNG 格式要多得多，可以用来保存超过 256 种颜色的图像。但是，JPG 格式是一种有损压缩的图像格式，网页制作过程中类似照片的图像。比如，横幅广告 (Banner)、商品图片、较大的插图等都可以保存为 JPG 格式。

简而言之，在网页中小图片或网页基本元素如图标、按钮等考虑 GIF 或 PNG-8，半透明图像考虑 PNG-24，类似照片的图像则考虑 JPG。

2) 图像标记 <img/>

浏览网页时经常会看到精美的图像，在网页中显示图像就需要使用图像标记。图像标记的基本语法格式如下：

  <img src=" 图像 URL" />

在上面的语法中，src 属性用于指定图像文件的路径和文件名，它是 img 标记的必要属性。例如：

  <body>

  <img src="images/eg_tulip.jpg"/>

  </body>

图像标记效果如图 2-6 所示。

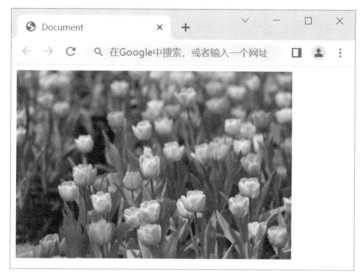

图 2-6　图像标记效果

<img> 标记的作用就是在网页中插入图像，其中 src 属性是该标记的必要属性。src 属性指定导入图像的保存位置和名称。这里，插入的图像与 HTML 文件是处于同一目录下的。如果不处于同一目录下，就必须采用路径的方式来指定图像的位置。

要在网页中灵活地应用图像，仅仅靠 src 属性是不能实现的，还需要一些其他属性，如 alt、width 和 height、border、vspace 和 hspace、align、title。

(1) 图像的替换文本属性 alt。由于一些原因图像可能无法正常显示，比如图像加载错误、浏览器版本过低等，因此为页面上的图像加上替换文本是个好习惯，它可以在图像无法显示时告诉用户该图像的内容。

例如：

  <body>

  <img src="images/eg_tulip1.jpg" alt=" 上海鲜花港 - 郁金香 " />

  </body>

alt 属性效果如图 2-7 所示。

图 2-7　alt 属性效果

(2) width 和 height。width 和 height 用来定义图像的宽度和高度，通常我们只设置其中的一个，另一个会按原图等比例显示。

例如：

<body>

<img src="images/eg_mouse.jpg" width="50" height="50">

<img src="images/eg_mouse.jpg" width="100" height="100">

<img src="images/eg_mouse.jpg" width="200" height="200">

<p> 通过改变 img 标签的 "height" 和 "width" 属性的值，您可以放大或缩小图像。</p>

</body>

width 属性效果如图 2-8 所示。

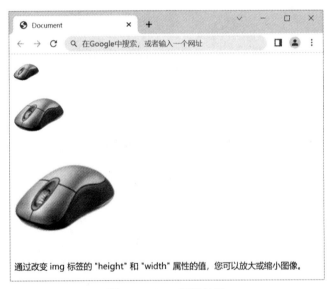

图 2-8　width 属性效果

(3) border。border 能够为图像添加边框，设置边框的宽度。但边框颜色的调整仅仅通过 HTML 属性是不能实现的。

例如：

<body>

<img src="images/eg_tulip.jpg" alt=" 上海鲜花港 - 郁金香 " border="5"/>

</body>

border 属性效果如图 2-9 所示。

图 2-9 border 属性效果

(4) vspace 和 hspace。HTML 中，通过 vspace 和 hspace 属性可以分别调整图像的垂直边距和水平边距。

例如：

<body>

<h3> 不带有 hspace 和 vspace 的图像：</h3>

<p> <img src="images/eg_logo_w3school.gif" align="middle" />

This is some text. This is some text. This is some text. </p>

<h3> 带有 hspace 和 vspace 的图像：</h3>

<p> <img src="images/eg_logo_w3school.gif" align="middle" hspace="30" vspace="30" /> This is some

text. This is some text. This is some text. </p>

</body>

hspace 和 vspace 属性效果如图 2-10 所示。

图 2-10 hspace 和 vspace 属性效果

(5) align。图像的对齐属性 align 用于调整图像的位置。align = "left" 可以设置图像为左对齐，align = "center" 可以设置图像为居中对齐，align = "right" 可以设置图像为右对齐。

例如：

<body>

<h2> 未设置对齐方式的图像：</h2>

```
<p> 图像 <img src ="images/eg_cute.gif"> 在文本中 </p>
<h2> 已设置对齐方式的图像：</h2>
<p> 图像 <img src="images/eg_cute.gif" align="bottom"> 在文本中 </p>
<p> 图像 <img src ="images/eg_cute.gif" align="middle"> 在文本中 </p>
<p> 图像 <img src ="images/eg_cute.gif" align="top"> 在文本中 </p>
<p> 请注意，bottom 对齐方式是默认的对齐方式。</p>
</body>
```

align 属性效果如图 2-11 所示。

图 2-11　align 属性效果

(6) title。图像标记 <img/ > 中的属性 title 可以用于设置鼠标悬停时图像的提示文字。它与 alt 属性十分类似，常配合 alt 属性一起使用。

例如：

```
<body>
<img src="images/eg_tulip.jpg" alt=" 上海鲜花港 - 郁金香 " title=" 上海鲜花港 - 郁金香 "/>
</body>
```

title 属性效果如图 2-12 所示。

图 2-12　title 属性效果

3) 相对路径和绝对路径

在上面的实例中，强调了要在网页中显示的图像必须和 HTML 文件处在同一个文件夹中。这里做一个简单的实验：把图像从原来的文件夹中移动到其他位置，不要修改 HTML 文件，这时再用浏览器打开这个网页，效果如图 2-13 所示。

图 2-13 浏览器不能正常显示图像

通过这个实验可以知道，改变了图像的位置，而 HTML 文件中的代码并没有做任何修改，引用的还是同样的图像，浏览器却找不到这张图像了。由于浏览器默认的目录是 HTML 文件所处的目录，因此如果图像和 HTML 文件处于同一目录，浏览器就可以找到图像并正常显示。在上面的实例中，因为浏览器并不知道图像的位置已经改变，所以它仍然会到原来的位置去找这张图像，但图像已经不能正常显示了。这时，需要通过设置"路径"来帮助浏览器找到相应的图像。

为了更好地说明"路径"这个非常重要的概念，这里举一个生活中的实例。计算机中的文件都是按照层次结构保存在一级一级的文件夹中的，这就好比学校分为若干个年级，每个年级又分为若干个班级。例如，在三年级 2 班中，有两个学生分别叫"小龙"和"小丽"，如图 2-14 所示。

如果小龙要找小丽，那么不需要额外的说明，在 2 班内部就可以找到她。如果

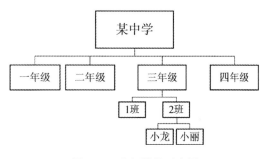

图 2-14 班级结构示意图

是同年级的另一个班的学生要找小丽，那么除了姓名，还需要说明是"2 班的小丽"。再进一步，如果是另一个年级的学生要找小丽，就应该说明是"三年级 2 班的小丽"。

实际上，这就是路径的概念。在上面的网页中，由于 HTML 文件和图像都在同一个文件夹中，就好比是在同一个班级中的两个同学，因此不需要给出额外的路径信息。如果 HTML 和图像不在同一个文件夹中，就必须给出足够的路径信息才能找到它们。

• 路径信息

路径通常分为以下两种：

(1) 相对路径：从文件自身的位置出发，依次说明到达目标文件的路径。就好比班主任要找本班的一名学生，只需直接说名字即可，而校长要找一名学生，还要说明年级和班级。

(2) 绝对路径：先指明最高级的层次，然后依次向下说明。例如，要找外校的一名学生，无法以本校为起点找到他，而必须说"某中学某年级某班的某个学生"。这就是绝对路径的概念。

• 网站中的路径

网站中的路径与此类似，通常可以分为以下两种情况：

(1) 如果图像就在本网站内部,那么通常会以要显示该图像的 HTML 文件为起点,通过层级关系描述图像的位置。

(2) 如果图像不在本网站内部,那么通常会以"http://"开头的 URL (Uniform Resource Locator,统一资源定位符 / 统一资源定位器) 作为图像的路径。URL 通常也被称为外部链接。

·路径的使用方法

文件系统结构示意图如图 2-15 所示。

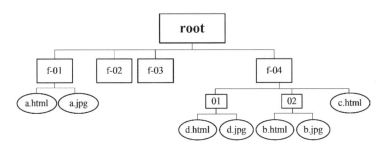

图 2-15   文件系统结构示意图

图 2-15 中的矩形表示文件夹,椭圆形表示文件 (包括 HTML 文件和图像)。

(1) 如果在 f-01 文件夹中,a.html 需要显示同一个文件夹中的 a.jpg 文件,直接写文件名即可。

(2) 如果在 f-04 文件夹中,02 文件夹中的 b.html 需要显示同一个文件夹中的 b.jpg 文件,直接写文件名即可。

(3) 如果在 f-04 文件夹中,c.html 需要显示 02 文件夹中的 b.jpg 文件,应该写作"02/b.jpg"。这里的斜线表示层级的关系,即下一级的意思。

(4) 如果在 f-04 文件夹中,02 文件夹中的 b.html 需要显示 01 文件夹中的 d.jpg 文件,应该写作"./01/d.jpg"。这里的两个点号表示上一级文件夹。

(5) 如果在 f-04 文件夹中,02 文件夹中的 b.html 需要显示 f-01 文件夹中的 a.jpg 文件,应该写作"././f-01/a.jpg"。

(6) 如果在 f-01 文件夹中,a.html 需要显示 f-04 文件夹中的 02 文件夹中的 b.jpg 文件,应该写作"./f-04/02/b.jpg"。

读者可参照图 2-15,写出以下 6 种情况的路径。

① 在 f-04 文件夹中,01 文件夹中的 d.html 需要显示同一个文件夹中的 d.jpg 文件,路径应该如何书写?

② 在 f-04 文件夹中,c.html 需要显示 01 文件夹中的 d.jpg 文件,路径应该如何书写?

③ 在 f-04 文件夹中,c.html 需要显示 f-01 文件夹中的 a.jpg 文件,路径应该如何书写?

④ 在 f-04 文件夹中,01 文件夹中的 d.html 需要显示 02 文件夹中的 b.jpg 文件,路径应该如何书写?

⑤ 在 f-04 文件夹中,01 文件夹中的 d.html 需要显示 f-01 文件夹中的 a.jpg 文件,路径应该如何书写?

⑥ 在 f-01 文件夹中,a.html 需要显示 f-04 文件夹中的 01 文件夹中的 d.jpg 文件,路径应该如何书写?

3. 超链接标记

一个网站由多个网页构成，每个网页上都有大量的信息，要使网页中的信息排列有序，条理清晰，并且网页与网页之间有一定的联系，就需要使用列表和超链接。

在 HTML 中创建超链接非常简单，只需用 <a></a> 标记环绕需要被链接的对象即可。超链接的基本语法格式如下：

<a href=" 跳转目标 "> 文本或图像 </a>

例如：

<body>

<p><a href="/index.html"> 本文本 </a> 是一个指向本网站中的一个页面的链接。</p>

<p><a href="http://www.microsoft.com/"> 本文本 </a> 是一个指向万维网上的页面的链接。</p>

</body>

<a> 标记效果如图 2-16 所示。

图 2-16　<a> 标记效果

超链接的常用属性包含 href 和 target。

• href：用于指定链接目标的 URL 地址。当为 <a> 标记应用 href 属性时，它就具有了超链接的功能。

• target：用于指定链接页面的打开方式。target 有 _self 和 _blank 两种取值。其中，_self 为默认值，意为在原窗口中打开；_blank 为在新窗口中打开。

三、资源准备

1. 教学设备与工具

(1) 电脑 (每人一台)；

(2) U 盘、相关的软件 (Adobe Dreamweaver CS6 或 HBuilder)。

2. 职位分工

职位分工表如表 2-4 所示。

表 2-4　职 位 分 工 表

职　位	小组成员 (姓名)	工 作 分 工	备　注
组长 A			小组角色由组长进行统一安排。下一个项目角色职位互换，以提升综合职业能力
组员 B			
组员 C			
组员 D			
组员 E			

四、实践操作——创建"HTML5百科"页面

1. 任务引入、效果图展示

"HTML5百科"页面网站首页效果图如图2-17所示。

案例2　制作
"HTML5百科"页面

图2-17　首页效果图

单击图2-17所示的页面区域时，将跳转至"HTML5百科—page01.html"页面，效果如图2-18所示。

图2-18　page01.html页面效果

单击图2-18所示页面中的"返回"按钮时，将返回至首页面；单击"下一页"按钮时，将跳转至"HTML5百科—page02.html"页面，效果如图2-19所示。

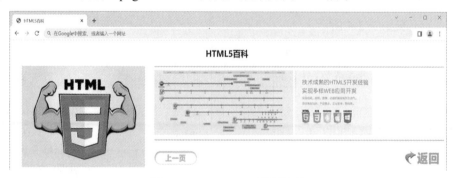

图2-19　page02.html页面效果

单击图 2-19 所示页面中的"返回"按钮时,将返回至首页面;单击"上一页"按钮时,将跳转至"HTML5 百科—page01.html"页面。

2. 任务分析

1) 首页效果图分析

从图 2-17 所示的首页效果图可以看出,页面中只有一张图像,单击图像可以跳转到"page01.html"页面,可以使用 <a> 标记嵌套 <img> 标记布局,使用 <img/> 标记插入图像,并通过 <a> 标记设置超链接。

2) page01.html 页面效果分析

从图 2-18 所示的效果可以看出,page01.html 页面中既有文字又有图像。文字由标题和段落文本组成,并且水平线将标题与段落隔开,它们的字体和字号不同。同时,标题居中对齐,段落文本中的某些文字加粗显示。所以,可以使用 <h2> 标记设置标题,<p> 标记设置段落,<strong> 标记加粗文本。另外,使用水平线标记 <hr /> 将标题与内容隔开,并设置水平线的粗细及颜色。

此外,需要使用 <img/> 标记插入图像,通过 <a> 标记设置超链接,并且对 <img/> 标记应用 align 属性和 hspace 属性控制图像的对齐方式及水平距离。

3) page02.html 页面效果分析

从图 2-19 所示的效果可以看出,page02.html 页面中主要包括标题和图像两部分,可以使用 <h2> 标记设置标题,<img/> 标记插入图像。另外,图片需要应用 align 属性和 hspace 属性设置对齐方式及垂直距离,并通过 <a> 标记设置超链接。

3. 任务实现

(1) 制作首页面,代码如下:

```
<head>
<meta charset="utf-8">
<title>HTML5 百科 </title>
</head>
<body>
<p align="center">
    <a href="page01.html" target="_self">
    <img src="images/html5.jpg" alt=" 传智播客设计学院 UI 设计师 "/></a>
</p>
</body>
```

(2) 制作 page01.html 页面,代码如下:

```
<head>
<meta charset="utf-8">
<title>HTML5 百科 </title>
```

```
</head>
<body>
<h2 align="center">HTML5 百科 </h2>
<img src="images/a.jpg" alt=" 传智播客设计学院 UI 设计师 " align="left" hspace="30"/>
<hr size="3" color="#CCCCCC" >
<p> ●   <strong>HTML5</strong> 是 <strong>HTML</strong> 即超文本标记语言或超文
本链接标示语言的第五个版本。目前广泛使用的是 <strong>HTML4.01</strong>。</p>
<p> ●   <strong >HTML5</strong> 草案的前身名为 <strong>Web Applications 1.0
</strong>。</p>
<p> ●   <em>2004</em> 年被 <strong>WHATWG</strong> 提出。</p>
<p> ●   <em>2007</em> 年被 <strong>W3C</strong> 接纳，并成立了新的 <strong>
HTML</strong> 工作团队。</p>
<p> ●   <em>2008 年 1 月 22 日 </em>，第一份正式草案公布。</p>
<hr size="3" color="#CCCCCC" >
<a href="page02.html"><img src="images/down.png" alt=" 下一页 " vspace="20"></a>
<a href="example18.html"><img src="images/return.png" alt=" 返回 " vspace="20" align="right"></a>
</body>
```

(3) 制作 page02.html 页面，代码如下：

```
<head>
<meta charset="utf-8">
<title>HTML5 百科 </title>
</head>
<body>
<h2 align="center">HTML5 百科 </h2>
<img src="images/b.jpg" alt=" 传智播客设计学院 UI 设计师 " align="left" hspace="30"/>
<hr size="3" color="#CCCCCC" >
<img src="images/pic01.jpg"><img src="images/pic02.jpg">
<hr size="3" color="#CCCCCC" >
<a href="page01.html"><img src="images/up.png" alt=" 上一页 " vspace="20"></a>
<a href="example18.html"><img src="images/return.png" alt=" 返回 " vspace="20" align="right"></a>
</body>
```

五、总结评价

实训过程性评价表 (小组互评) 如表 2-5 所示。

表 2-5 实训过程性评价表

组别：_____ 组员：_____ 任务名称：制作"HTML5 百科"页面

教 学 环 节	评分细则	第 组
课前预习	基础知识完整、正确（10 分）	得分：_____
实施作业	1. 操作过程正确（15 分） 2. 基本掌握操作要领（20 分） 3. 操作结果正确（25 分） 4. 小组分工协作完成（10 分）	各环节得分： 1：_____ 2：_____ 3：_____ 4：_____
质量检验	1. 学习态度（5 分） 2. 工作效率（5 分） 3. 代码编写规范（10 分）	1：_____ 2：_____ 3：_____
总分（100 分）		

六、课后作业

1. 试结合给出的素材，运用 HTML5 语法、文本控制标记、图像标记及超链接标记实现图文混排效果，如图 2-20 所示。其中，图像部分需要添加超链接，并且单击图像会跳转到"传智播客"官网，如图 2-21 所示。

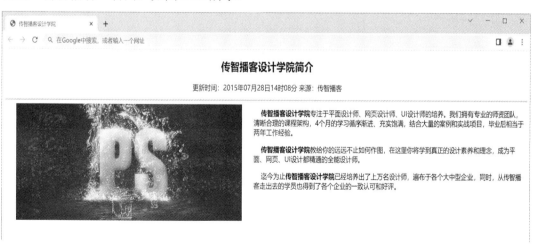

图 2-20 图文混排效果

2. 完成本实训工作页的作业。

3. 预习任务 3。

图 2-21 超链接跳转页面

任务 3 制作"电影影评网"页面

一、任务引入

通过学习,小 H 已经掌握了 HTML5 基本文档结构,能够利用标题、段落、图片、超链接标签等制作简单的网页了。小 H 很满意自己学到的知识和技能,但是他并不满足于此,他还想做出更美观、更实用的网页,如能够进行简单的用户交互。

本任务重点介绍列表元素、结构元素、分组元素、页面交互元素、文本层次语义元素以及全局属性。

二、相关知识

1. 列表元素

为了使网页更具可读性,经常将网页信息以列表的形式呈现,如淘宝商城首页的商品服务分类,排列有序,条理清晰。在 HTML5 中,提供了 3 种常用的列表,分别为无序列表、有序列表和定义列表。

1) ul 元素 (无序列表)

无序列表是网页中最常用的列表,之所以称为"无序列表",是因为其各个列表项之间没有顺序级别之分,通常是并列的。定义无序列表的基本语法格式如下:

```
<ul>
  <li> 列表项 1</li>
  <li> 列表项 2</li>
  <li> 列表项 3</li>
  ⋮
</ul>
```

2) ol 元素 (有序列表)

有序列表即有排列顺序的列表，其各个列表项按照一定的顺序排列。例如，网页中常见的歌曲排行榜、游戏排行榜等都可以通过有序列表来定义。定义有序列表的基本语法格式如下：

```
<ol>
  <li> 列表项 1</li>
  <li> 列表项 2</li>
  <li> 列表项 3</li>
  ⋮
</ol>
```

3) dl 元素 (定义列表)

定义列表常用于对术语或名词进行解释和描述。与无序列表和有序列表不同，定义列表的列表项前没有任何项目符号。定义列表的基本语法格式如下：

```
<dl>
<dt> 名词 1</dt>
  <dd> 名词 1 解释 1</dd>
  <dd> 名词 1 解释 2</dd>
  ⋮
<dt> 名词 2</dt>
  <dd> 名词 2 解释 1</dd>
  <dd> 名词 2 解释 2</dd>
  ⋮
</dl>
```

4) 列表的嵌套应用

在网上购物商城中浏览商品时，经常会看到某一类商品被分为若干小类，这些小类通常还包含若干子类。同样，在使用列表时，列表项中也有可能包含若干子列表项，要在列表项中定义子列表项就需要将列表进行嵌套。

2. 结构元素

在 HTML5 中，所有元素都是有结构性的，且这些元素的作用与块元素非常相似。这里将重点讲述常用的结构元素，包括 header 元素、nav 元素、article 元素等。

1) header 元素

在 HTML5 中，header 元素是一种具有引导和导航作用的结构元素，该元素可以包含所有通常放在页面头部的内容。header 元素基本语法格式如下：

```
<header>
  <h1> 网页主题 </h1>
  ⋮
</header>
```

2) nav 元素

nav 元素用于定义导航链接，是 HTML5 新增的元素。该元素可以将具有导航性质的链接归纳在一个区域中，使页面元素的语义更加明确。其中，导航元素可以链接到站点的其他页面，或者当前页的其他部分。例如：

```
<nav>
  <ul>
  <li><a href="#"> 首页 </li>
  <li><a href="#"> 公司概况 </li>
  <li><a href="#"> 产品展示 </li>
  <li><a href="#"> 联系我们 </li>
  </ul>
</nav>
```

3) article 元素

article 元素代表文档、页面或者应用程序中与上下文不相关的独立部分。该元素经常被用于定义一篇日志、一条新闻或用户评论等。article 元素通常使用多个 section 元素进行划分，一个页面中 article 元素可以出现多次。

4) aside 元素

aside 元素用来定义当前页面或者文章的附属信息部分，它可以包含与当前页面或主要内容相关的引用、侧边栏、广告、导航条等其他有别于主要内容的部分。

5) section 元素

section 元素用于对网站或应用程序中页面上的内容进行分块。一个 section 元素通常由内容和标题组成。

6) footer 元素

footer 元素用于定义一个页面或者区域的底部，它可以包含所有通常放在页面底部的内容。在 HTML5 出现之前，一般使用 <div id="footer"></div> 标记来定义页面底部，而如今通过 HTML5 的 footer 元素就可以轻松实现。

3. 分组元素

分组元素用于对页面中的内容进行分组。HTML5 中涉及 3 个与分组相关的元素，分别是 figure 元素、figcaption 元素和 hgroup 元素。

1) figure 和 figcaption 元素

figure 元素用于定义独立的流内容 (图像、图表、照片、代码等)，一般指一个单独的单元。figure 元素的内容应该与主内容相关，但如果被删除，也不会对文档流产生影响。figcaption 元素用于为 figure 元素组添加标题，一个 figure 元素内最多允许使用一个 figcaption 元素，该元素应该放在 figure 元素的第一个或者最后一个子元素的位置。

2) hgroup 元素

hgroup 元素用于将多个标题 (主标题和副标题或者子标题) 组成一个标题组，通常它与 h1 ～ h6 元素组合使用。一般，将 hgroup 元素放在 header 元素中。

4. 页面交互元素

HTML5 是一些独立特性的集合，它不仅增加了许多页面特性，而且本身也是一个应用程序。对于应用程序而言，表现最为突出的就是交互操作。HTML5 为交互操作新增加了对应的交互体验元素。

1) details 和 summary 元素

details 元素用于描述文档或文档某个部分的细节。summary 元素经常与 details 元素配合使用，作为 details 元素的第一个子元素，用于为 details 定义标题。标题是可见的，当用户点击标题时，会显示或隐藏 details 中的其他内容。

2) progress 元素

progress 元素用于表示一个任务的完成进度。这个进度可以是不确定的，只是表示进度正在进行，但是不清楚还有多少工作量没有完成。

progress 元素的常用属性值有两个，即 value 和 max。value：已经完成的工作量；max：总共有多少工作量。需要注意的是，value 和 max 的值必须大于零，且 value 的值要小于或等于 max 的值。

3) meter 元素

meter 元素用于表示指定范围内的数值。例如，显示硬盘容量或者对某个候选者的投票人数占投票总人数的比例等，都可以使用 meter 元素。

meter 元素有多个常用的属性，如表 3-1 所示。

表 3-1 meter 元素常用的属性

属 性	说 明
high	定义度量值位于哪个点被界定为高值
low	定义度量值位于哪个点被界定为低值
max	定义最大值，默认值是 1
min	定义最小值，默认值是 0
optimum	定义什么样的度量值是最佳值。如果该值高于 high 属性值，则意味着值越高越好；如果该值低于 low 属性值，则意味着值越低越好
value	定义度量值

5. 文本层次语义元素

为了使 HTML 页面中的文本内容更加生动形象，需要使用一些特殊的元素来突出文本之间的层次关系，这样的元素被称为文本层次语义元素。文本层次语义元素主要包括 time 元素、mark 元素和 cite 元素。

1) time 元素

time 元素用于定义时间或日期，可以代表 24 小时中的某一时间。

2) mark 元素

mark 元素的主要功能是在文本中高亮显示某些字符，以引起用户注意。该元素的用法与 em 元素和 strong 元素有相似之处，但是使用 mark 元素在突出显示样式时更随意灵活，能使文字高亮显示。

3) cite 元素

cite 元素可以创建一个引用标记，用于对文档参考文献的引用说明。一旦在文档中使用了引用标记，被标记的文档内容将以斜体的样式展示在页面中，以区别于段落中的其他字符。

6. 全局属性

全局属性是指在任何元素中都可以使用的属性。在 HTML5 中，常用的全局属性有 draggable、hidden、spellcheck 和 contenteditable。

1) draggable 属性

draggable 属性用来定义元素是否可以拖动。该属性有两个值：true 和 false(默认值)。当值为 true 时，表示元素选中之后可以进行拖动操作，否则不能拖动。

2) hidden 属性

在 HTML5 中，大多数元素都支持 hidden 属性。该属性有两个值：true 和 false。当 hidden 属性取值为 true 时，元素将会被隐藏，反之则会显示。元素中的内容是通过浏览器创建的，页面装载后允许使用 JavaScript 脚本将该属性取消，取消后该元素变为可见状态，同时元素中的内容也及时显示出来。

3) spellcheck 属性

spellcheck 属性主要针对 input 元素和 textarea 文本输入框，对用户输入的文本内容进行拼写和语法检查。spellcheck 属性有两个值：true(默认值) 和 false。当值为 true 时，检测输入框中的值，反之不检测。

4) contenteditable 属性

contenteditable 属性规定是否可编辑元素的内容，但是前提是该元素必须可以获得鼠标焦点，并且其内容不是只读的。contenteditable 属性有两个值：true 和 false。如果值为 true 表示可编辑，为 false 表示不可编辑。

三、资源准备

1. 教学设备与工具

(1) 电脑 (每人一台)；

(2) U 盘、相关的软件 (Adobe Dreamweaver CS6 或 HBuilder)。

2. 职位分工

职位分工表如表 3-2 所示。

表 3-2　职 位 分 工 表

职　位	小组成员 (姓名)	工 作 分 工	备　注
组长 A			小组角色由组长进行统一安排。下一个项目角色职位互换，以提升综合职业能力
组员 B			
组员 C			
组员 D			
组员 E			

四、实践操作——制作"电影影评网"页面

1. 任务引入、效果图展示

前面讲解了 HTML5 新增的结构元素、分组元素、页面交互元素、文本层次语义元素以及常用的标准属性等内容。本次实训将结合前面所学知识制作一个"电影影评网"页面，默认效果如图 3-1 所示。

案例 3　制作"电影影评网"页面

图 3-1　"电影影评网"页面默认效果

当单击图 3-1 所示的"动作电影"时，会显示动作电影的下拉菜单；再次单击时，动作电影的下拉菜单将会收缩。"动作电影"菜单的展开效果如图 3-2 所示。

图 3-2　"动作电影"菜单的展开效果

同样，单击图 3-1 所示的"科幻电影"时，会显示科幻电影的下拉菜单；再次单击时，科幻电影的下拉菜单将会收缩。"科幻电影"菜单的展开效果如图 3-3 所示。

图 3-3　"科幻电影"菜单的展开效果

2. 任务分析

分析制作"电影影评网"页面的构成元素，并将其拆解为几个部分，然后分析各部分使用了哪些 HTML5 标记以及应用了哪些 HTML5 标记的属性。

其中，头部信息通过 <header> 元素定义，内部由 <img /> 标记插入图像。导航链接由 <nav> 元素定义，内部嵌套无序列表 <ul>。文章内容由 <article> 元素定义，内部由 <details> 元素进行划分。其中，动作电影、科幻电影部分均为插入的图像，由 <details> 元素内部的 <summary> 元素定义，以实现单击这两张图像时，分别显示 <details> 元素内部的其他内容；页面中的评分进度条效果由 <meter> 元素实现；黄色高亮显示的文本由 <mark> 元素实现。

3. 任务实现

(1) 启动 HBuilder，并新建项目文件夹，再将 index.html 改为"电影影评网 .html"，然后将所需图片素材拷贝至 img 文件夹中。

(2) 根据上述分析，使用相应的 HTML5 元素搭建网页结构，代码如下：

```
<!doctype html>
<html lang="cn">
<head>
<meta charset="utf-8">
<title> 电影影评网 </title>
</head>
<body>
<!--header begin-->
<header></header>
<!--header end-->
<!--nav begin-->
<nav></nav>
<!--nav end-->
<!--article begin-->
<article></article>
<!--article end-->
</body>
</html>
```

其中，第 9、12、15 行代码分别定义了页面的头部信息、导航链接以及文章内容。

(3) 制作头部信息。在网页结构代码中添加 header 模块的结构代码，具体如下：

```
<!--header begin-->
<header>
<h2 align="center"> 电影影评网 </h2>
<p align="center">
```

```
<img src="images/44.jpg">
</p>
</header>
<!--header end-->
```

运行上述代码，效果如图 3-4 所示。

图 3-4 头部效果

(4) 制作导航链接。在网页结构代码中添加 nav 模块的结构代码，具体如下：

```
<!--nav begin-->
<nav>
    <P align="center">
        <img src="images/nav1.jpg">
        <img src="images/nav2.jpg">
        <img src="images/nav3.jpg">
        <img src="images/nav4.jpg">
        <img src="images/nav5.jpg">
    </P>
</nav>
```

保存"电影影评网 .html"文件，然后刷新页面，效果如图 3-5 所示。

图 3-5 导航链接效果

(5) 制作文章内容区域。在网页结构代码中添加 article 模块的结构代码，具体如下：

```
<!--article begin-->
<article
```

```
<details>
    <summary><img src="images/111.png"></summary>
    <ul contenteditable="true" >
        <li>
            <figcaption>《敢死队》</figcaption>
            <p> 今天看了全天唯一一场原声的 <mark>《敢死队》</mark>。有好事者统计，这群肌
肉大叔的年龄加起来是 439 岁，平均年龄超过了 50 岁，其中岁数最大的 <mark> 史泰龙 </mark>64 岁，
岁数最小的 <mark> 杰森·斯坦森 </mark> 也有 38 岁，堪称老男人团。一帮纯爷们拍出的电影，当然
是没有什么剧情，从头劲爆到尾，全场都异常亢奋。<mark> 史泰龙 </mark> 全程 ......</p>
            <img src="images/444.jpg">
        </li>
        <li></li>
        <li>
            大众评分：<meter value="65" min="0" max="100" low="60" high="80" title="65 分 "
optimum="100">65</meter>
        </li>
        <li>
            媒体评分：<meter value="80" min="0" max="100" low="60" high="80" title="65 分 "
optimum="100">65</meter>
        </li>
        <li>
            网站评分：<meter value="40" min="0" max="100" low="60" high="80" title="65 分 "
optimum="100">65</meter>
        </li>
    </ul>
    <hr size="3" color="#ccc">
    <ul contenteditable="true" >
        <li>
            <figcaption>《赤焰战场》</figcaption>
            <p> 这部电影的最大意义在于一群廉颇老矣的明星向观众做了一个集体性的道别。他
们以后或许还会各自为战地奋斗在荧屏之上，但如此集中地出现在一部电影中就显得几乎不再可能。
<mark> 布鲁斯·威利斯 </mark> 已经 56 岁，<mark> 海伦·米伦 </mark>66 岁，<mark> 约翰·马尔科
维奇 </mark>58 岁，<mark> 摩根·弗里曼 </mark> 已经 74 岁，<mark> 布莱恩·考克斯 </mark>65 岁。
这些年纪已经超过或者年近花甲的曾经叱咤荧屏的人物正在渐渐地逝去，如同那一抹
            灿丽的 ......</p>
            <img src="images/555.jpg">
        </li>
        <li></li>
        <li>
            大众评分：<meter value="65" min="0" max="100" low="60" high="80" title="65 分 "
```

```
optimum="100">65</meter>
        </li>
        <li>
            媒体评分：<meter value="80" min="0" max="100" low="60" high="80" title="65 分 "
optimum="100">65</meter>
        </li>
        <li>
            网站评分：<meter value="40" min="0" max="100" low="60" high="80" title="65 分 "
optimum="100">65</meter>
        </li>
    </ul>
</details>
<details>
    <summary><img src="images/222.png"></summary>
    <ul contenteditable="true" >
        <li>
            <figcaption>《雷神》</figcaption>
            <p> 电影的剧情虽然有些老套，但其中也 <mark> 融入了一些新的元素和创意 </mark>。
例如，影片中 <mark> 莎翁戏剧式 </mark> 的故事情节，以及父子及兄弟间的爱恨情仇，都是影片中
较为精彩的部分。导演 <mark> 肯尼思·布拉纳 </mark> 对这类剧情的掌控不俗，使得影片 <mark> 不
仅在视觉上有所突破 </mark>，也 <mark> 在情感上能够触动观众 .......</mark></p>
        <li></li>
        <li>
            大众评分：<meter value="65" min="0" max="100" low="60" high="80" title="65 分 "
optimum="100">65</meter>
        </li>
        <li>
            媒体评分：<meter value="80" min="0" max="100" low="60" high="80" title="65 分 "
optimum="100">65</meter>
        </li>
        <li>
            网站评分：<meter value="40" min="0" max="100" low="60" high="80" title="65 分 "
optimum="100">65</meter>
        </li>
    </ul>
    <hr size="3" color="#ccc">
</details>
</article>
<!--article end-->
```

在上面的代码中，共添加了两类电影，分别由 <details> 元素定义；标题部分由 <summary> 元素定义。当单击标题时，可实现下拉菜单内容的显示与隐藏效果。

保存"电影影评网 .html"文件，然后刷新页面，效果如图 3-6 所示。

图 3-6　文章内容区域效果

当单击"动作电影"标题时，显示"动作电影"下拉菜单，如图 3-7 所示。

图 3-7　"动作电影"下拉菜单

当单击"科幻电影"标题时，显示"科幻电影"下拉菜单，如图 3-8 所示。

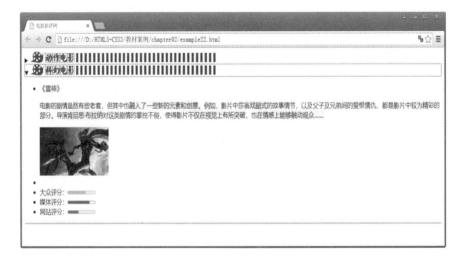

图 3-8　"科幻电影"下拉菜单

五、总结评价

实训过程性评价表 (小组互评) 如表 3-3 所示。

表 3-3　实训过程性评价表

组别：＿＿＿＿＿＿＿　组员：＿＿＿＿＿＿＿＿＿＿＿　　　任务名称：＿制作"电影影评网"页面

教 学 环 节	评 分 细 则	第　　　组
课前预习	基础知识完整、正确（10 分）	得分：＿＿＿＿＿＿
实施作业	1. 操作过程正确（15 分） 2. 基本掌握操作要领（20 分） 3. 操作结果正确（25 分） 4. 小组分工协作完成（10 分）	各环节得分： 1:＿＿＿＿＿ 2:＿＿＿＿＿ 3:＿＿＿＿＿ 4:＿＿＿＿＿
质量检验	1. 学习态度（5 分）	1:＿＿＿＿＿
	2. 工作效率（5 分）	2:＿＿＿＿＿
	3. 代码编写规范（10 分）	3:＿＿＿＿＿
总分（100 分）		

六、课后作业

1. 填空题

(1) <figure> 标签中具有一个表示流标题的＿＿＿＿＿＿＿＿标签，设置它时需位于 <figure> 标签的＿＿＿＿＿＿。

(2) <mark></mark> 标签的作用是＿＿＿＿＿＿。

(3) 一个 <ul> 标签中包含＿＿＿＿＿个 <li> 标签。

(4) 如果一个列表要嵌套到另一个列表中，则必须放置在＿＿＿＿＿标签中。

(5)＿＿＿＿＿＿属性规定是否可编辑元素的内容，但是前提是该元素必须可以获得鼠标焦点，并且其内容不是只读的。

2. 判断题

(1) 不能在定义列表中嵌套无序列表或者有序列表。(　　　)

(2) header 元素与 head 元素是功能完全相同的两个元素，在使用中可以互换。(　　　)

3. 选择题

(1) 关于列表标签，下列叙述错误的是 (　　　)。

A. 无序列表的列表项部分没有主次关系

B. 有序列表会为列表项增加序号

C. 一个 <dt> 标签只能包含一个 <dd> 标签

D. 有序列表的项目符号默认为阿拉伯数字

(2) 关于列表嵌套，下列叙述错误的是 (　　)。

A. 无序列表不能自行嵌套

B. 有序列表可以嵌套无序列表

C. 自定义列表可以嵌套有序列表

D. 无序列表可以嵌套自定义列表

4. 实践练习

试结合给出的素材，运用 HTML5 页面元素及属性实现"我的心灵小屋"美文网页效果，如图 3-9 所示。

图 3-9　"心灵小屋美文"效果图

"显示更多"具有折叠和展开功能，展开后内容将会显示出来，如图 3-10 所示。

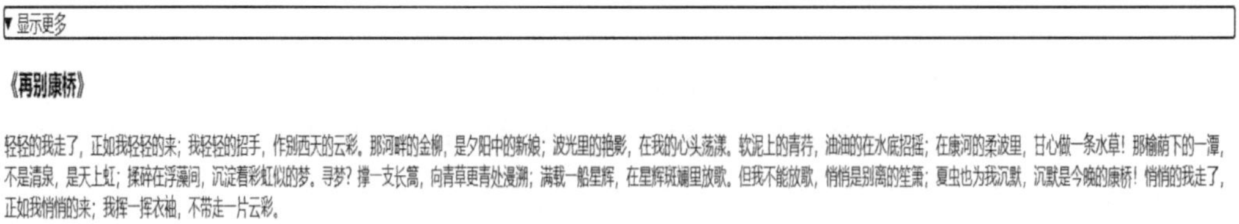

图 3-10　"显示更多"效果

5. 要求

(1) 完成本实训工作页的作业。

(2) 预习任务 4。

项目二 网页样式表(CSS)

知识目标

(1) 了解 CSS 的发展历程，掌握 CSS 的语法格式、添加样式的 3 种主要方式以及 CSS 基础选择器的用法。

(2) 掌握 CSS 的文本样式属性和文本外观样式属性，理解 CSS 的层叠性、继承性与优先级。

(3) 掌握在网页中应用图像、音频、视频的方法。

(4) 掌握使用 CSS3 美化图像、背景以及设置渐变背景的方法。

技能目标

(1) 理解三种形式的样式表的区别，并能根据实际情况进行有效的选择和应用。

(2) 能够熟练应用选择器设置元素样式。

(3) 能够综合应用段落、图像、背景、音频、视频等样式美化页面。

思政目标

(1) 不断加强行业标准和行业规范的学习。

(2) 培养学生良好的审美能力，在学习中发现美、创造美。

(3) 在不断深入学习的过程中，培养学生谦虚谨慎的学习态度和精益求精的工作作风。

任务 4　制作"鲜花导购"页面

一、任务引入

通过学习，小 H 已经掌握了 HTML5 新增的结构标签，会使用分组标签以及交互式标签做出具有简单交互效果的页面，同时也可以通过标签的全局属性进行相关的设置，达到一定的效果。可是，他总觉得自己的页面不如别人的"高、大、上"，究其原因才知道，是网页美化得不够，需要引入网页样式表 CSS。

二、相关知识

1. CSS 概述

CSS(Cascading Style Sheet) 通常称为 CSS 样式或样式表，主要用于设置 HTML 页面中的文本内容 (字体、大小、对齐方式等)、图片的外形 (宽高、边框样式、边距等) 以及版面的布局等外观显示样式。如果是独立的 CSS 文件，文件名必须以 ".css" 为后缀名。

1) CSS 的发展历程

1994 年，哈坤·利提出了 CSS 的最初建议，伯特·波斯 (Bert Bos) 当时正在设计一个叫作 Argo 的浏览器，他们决定一起合作设计 CSS。CSS 发展至今出现了 4 个版本。

(1) CSS1。1996 年 12 月，W3C 发布了第一个有关样式的标准 CSS1，包含了 font 的相关属性、颜色与背景的相关属性、文字的相关属性、box 的相关属性等。

(2) CSS2。1985 年 5 月，CSS2 正式推出。它开始使用样式表结构，是目前正在使用的版本。

(3) CSS2.1。2004 年 2 月，CSS2.1 正式推出。它在 CSS2 的基础上略微做了改动，删除了许多不被浏览器支持的属性。

(4) CSS3。早在 2001 年，W3C 就着手开始准备开发 CSS 第三版规范。虽然完整的、规范权威的 CSS3 标准还没有尘埃落定，但是各主流浏览器已经开始支持其中的绝大部分特性。

2) CSS3 浏览器的支持情况

浏览器是网页运行的平台，负责解析网页源代码。CSS3 给用户带来了众多全新的设计体验，但是并不是所有的浏览器都完全支持它。各主流浏览器对 CSS3 模块的支持情况如表 4-1 所示。

表 4-1　CSS3 浏览器的支持情况

CSS3 模块	Chrome4	Safari4	Firefox3.6	Opera10.5	IE10
RGBA	√	√	√	√	√
HSLA	√	√	√	√	√
Multiple Background	√	√	√	√	√
Border Image	√	√	√	√	×
Border Radius	√	√	√	√	√
Box Shadow	√	√	√	√	√
Opacity	√	√	√	√	√
CSS Animations	√	√	×	×	√
CSS Columns	√	√	√	×	√
CSS Gradients	√	√	√	×	√
CSS Reflections	√	√	×	×	×
CSS Transforms	√	√	√	√	√
CSS Transforms 3D	√	√	×	×	√
CSS Transitions	√	√	√	√	√
CSS FontFace	√	√	√	√	√

由于各浏览器厂商对 CSS3 各属性的支持程度不一样，因此在标准尚未明确的情况下，会用厂商的前缀加以区分。通常把这些加上私有前缀的属性称为私有属性。各主流浏览器都定义了自己的私有属性，以便让用户更好地体验 CSS 的新特性。各主流浏览器的私有属性如表 4-2 所示。

表 4-2　各主流浏览器的私有属性

内核类型	相关浏览器	私有前缀
Trident	IE8/ IE9/ IE10	-ms
Webkit	谷歌（Chrome）/Safari	-webkit
Gecko	火狐（Firefox）	-moz
Blink	Opera	-o

2. CSS 核心基础

1) CSS 样式规则

使用 HTML 时，需要遵从一定的规范。CSS 亦如此，要想熟练地使用 CSS 对网页进行修饰，首先需要了解 CSS 样式规则。CSS 样式规则具体格式如下：

选择器 { 属性 1: 属性值 1; 属性 2: 属性值 2; 属性 3: 属性值 3;}

CSS 代码的特点如下：

(1) CSS 样式中的选择器严格区分大小写，而属性和值不区分大小写。按照书写习惯，一般将 "选择器、属性和值" 都采用小写的方式。

(2) 多个属性之间必须用英文状态下的分号隔开，最后一个属性后的分号可以省略，但是，为了便于增加新样式最好保留。

(3) 如果属性的值由多个单词组成且中间包含空格，则必须为这个属性值加上英文状态下的引号。

(4) 在编写 CSS 代码时，为了提高代码的可读性，通常会加上 CSS 注释。

(5) 在 CSS 代码中空格是不被解析的，花括号以及分号前后的空格可有可无。

2) 引入 CSS 样式表

(1) 行内式。行内式也称为内联样式，是通过标记的 style 属性来设置元素的样式。行内式的基本语法格式如下：

```
< 标记名 style=" 属性 1: 属性值 1; 属性 2: 属性值 2; 属性 3: 属性值 3;"> 内容 </ 标记名 >
```

上面语法中，style 是标记的属性，实际上任何 HTML 标记都拥有 style 属性，用来设置行内式。其中，属性和值的书写规范与 CSS 样式规则相同，行内式只对其所在的标记及嵌套在其中的子标记起作用。行内式也是通过标记的属性来控制样式的，这样并没有做到结构与表现的分离，所以一般很少使用。行内式只有在样式规则较少且只在该元素上使用一次，或者需要临时修改某个样式规则时才使用。

(2) 内嵌式。内嵌式是将 CSS 代码集中写在 HTML 文档的 <head> 头部标记中，并且用 <style> 标记定义。内嵌式的基本语法格式如下：

```
<head>
<style type="text/css">
    选择器 { 属性 1: 属性值 1; 属性 2: 属性值 2; 属性 3: 属性值 3;}
</style>
</head>
```

上面语法中，<style> 标记一般位于 <head> 标记中 <title> 标记之后，也可以把它放在 HTML 文档的任何地方。内嵌式 CSS 样式只对其所在的 HTML 页面有效。因此，仅设计一个页面时，使用内嵌式是个不错的选择。但如果是一个网站，不建议使用这种方式，因为它不能充分发挥 CSS 代码的重用优势。

(3) 链入式。链入式是将所有的样式放在一个或多个以 .css 为扩展名的外部样式表文件中，通过 <link /> 标记将外部样式表文件链接到 HTML 文档中。链入式的基本语法格式如下：

```
<head>
<link href="CSS 文件的路径 " type="text/css" rel="stylesheet" />
</head>
```

上面语法中，<link /> 标记需要放在 <head> 头部标记中，并且必须指定 <link /> 标记的 3 个属性，具体如下：

href：定义所链接外部样式表文件的 URL，可以是相对路径，也可以是绝对路径。

type：定义所链接文档的类型，这里需要指定为 "text/css"，表示链接的外部文件为 CSS 样式表。

rel：定义当前文档与被链接文档之间的关系，这里需要指定为 "stylesheet"，表示被链接的文档是一个样式表文件。

通过链入式引入 CSS 样式表大致可以分为以下 5 个步骤：

① 创建 HTML 文档；

② 创建样式表文件；

③ 保存样式表 CSS 文件，后缀名为 .css；

④ 书写 CSS 样式表文件；

⑤ 链接样式表。

链入式最大的好处是，同一个 CSS 样式表可以被不同的 HTML 页面链接使用，同时一个 HTML 页面也可以通过多个 <link /> 标记链接多个 CSS 样式表。链入式是使用频率最高、最实用的 CSS 样式表。它将 HTML 代码与 CSS 代码分离为两个或多个文件，实现了结构和表现的完全分离，使得网页的前期制作和后期维护都十分方便。

3) CSS 基础选择器

(1) 标记选择器。标记选择器是指用 HTML 标记名称作为选择器，按标记名称分类，为页面中某一类标记指定统一的 CSS 样式。标记选择器的基本语法格式如下：

标记名 { 属性 1: 属性值 1; 属性 2: 属性值 2; 属性 3: 属性值 3; }

例如：

p{ font-size:12px; color:#666; font-family:" 微软雅黑 ";}

上述 CSS 样式代码用于设置 HTML 页面中所有的段落文本：字体大小为 12 像素，颜色为 #666，字体为 "微软雅黑"。

(2) 类选择器。类选择器使用 "." (英文点号) 进行标识，后面紧跟类名。类选择器的基本语法格式如下：

. 类名 { 属性 1: 属性值 1; 属性 2: 属性值 2; 属性 3: 属性值 3; }

上面语法中，类名即为 HTML 元素的 class 属性值，大多数 HTML 元素都可以定义 class 属性。类选择器最大的优势是可以为元素对象定义单独或相同的样式。

多个标记可以使用同一个类名，这样可以为不同类型的标记指定相同的样式。同时，一个 HTML 元素也可以应用多个 class 类，设置多个样式。在 HTML 标记中，多个类名之间需要用空格隔开。

(3) id 选择器。id 选择器使用 "#" 进行标识，后面紧跟 id 名。id 选择器的基本语法格式如下：

#id 名 { 属性 1: 属性值 1; 属性 2: 属性值 2; 属性 3: 属性值 3; }

上面语法中，id 名即为 HTML 元素的 id 属性值。大多数 HTML 元素都可以定义 id 属性，元素的 id 值是唯一的，只能对应文档中某一个具体的元素。

在很多浏览器下，同一个 id 也可以应用于多个标记，浏览器并不报错，但是这种做法是不允许的，因为 JavaScript 等脚本语言调用 id 时会出错。另外，id 选择器不支持像类选择器那样定义多个值，类似 "id="bold font24"" 的写法是完全错误的。

(4) 通配符选择器。通配符选择器用 "*" 号表示，它是所有选择器中作用范围最广的，能够匹配页面中所有的元素。通配符选择器的基本语法格式如下：

*{ 属性 1: 属性值 1; 属性 2: 属性值 2; 属性 3: 属性值 3; }

例如：

```
* {
    margin: 0;          /* 定义外边距 */
    padding: 0;         /* 定义内边距 */
}
```

使用通配符选择器定义 CSS 样式，可以清除所有 HTML 标记的默认边距。

(5) 标签指定式选择器。标签指定式选择器又称交集选择器，它由两个选择器构成，其中第一个为标记选择器，第二个为 class 选择器或 id 选择器，两个选择器之间不能有空格，如 h3.special 或 p#one。

(6) 后代选择器。后代选择器用来选择元素或元素组的后代，其写法就是把外层标记写在前面，内层标记写在后面，中间用空格分隔。当标记发生嵌套时，内层标记就成为外层标记的后代。

如后代选择器 p strong 定义的样式仅仅适用于嵌套在 <p> 标记中的 <strong> 标记，其他的 <strong> 标记不受影响。

后代选择器不限于使用两个元素，如果需要加入更多的元素，只需在元素之间加上空格即可。如果 <strong> 标记中还嵌套一个 <em> 标记，并且要想控制这个 <em> 标记，则可以使用 p strong em 选中它。

(7) 并集选择器。并集选择器是由各个选择器通过逗号连接而成的。任何形式的选择器 (如标记选择器、class 类选择器、id 选择器等) 都可以作为并集选择器的一部分。如果某些选择器定义的样式完全相同或部分相同，则可以利用并集选择器为它们定义相同的 CSS 样式。

使用并集选择器定义样式与对各个基础选择器单独定义样式效果完全相同，而且这种方式书写的 CSS 代码更简洁、直观。

三、资源准备

1. 教学设备与工具

(1) 电脑 (每人一台)；
(2) U 盘、相关的软件 (Adobe Dreamweaver CS6 或 HBuilder)。

2. 职位分工

职位分工表如表 4-3 所示。

表 4-3 职位分工表

职　　位	小组成员 (姓名)	工　作　分　工	备　　注
组长 A			
组员 B			小组角色由组长进行统一安排。下一个项目角色职位互换，以提升综合职业能力
组员 C			
组员 D			
组员 E			

四、实践操作——制作"鲜花导购"页面

1. 任务引入、效果图展示

前面讲解了 CSS 的发展历程、CSS 基本语法与书写规范、CSS 的基础选择器等。本次实训将结合这些知识制作一个"鲜花导购"的页面，默认效果如图 4-1 所示。

案例 4 制作 "鲜花导购"页面

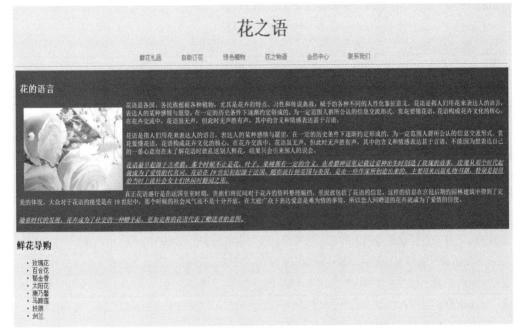

图 4-1 "鲜花导购"页面默认效果

2. 任务分析

1) 结构分析

"鲜花导购"页面主要由标题、超链接、图像、文本、无序列表等内容构成。

2) 样式分析

"鲜花导购"页面主要样式包括页面背景色、标题颜色、文字字号、对齐方式、浮动、外边距等。

3. 任务实现

(1) 文字素材准备：将网页需要使用的文字输入记事本文件中进行保存。

(2) 启动 HBuilder，并新建项目文件夹，再将 index.html 改为"鲜花导购 .html"，然后将所需图片素材拷贝至 img 文件夹中。

(3) 根据上述分析，使用相应的 HTML5 元素搭建网页结构，代码如下：

```
<!DOCTYPE html>
<head>
<meta http-equiv="Content-Type" content="text/html; charset=utf-8" />
```

```
<title> 鲜花销售 </title>
</head>
<body>
<p> 花之语 </p>
<p>
<a href="1.jpg" target="_blank"> 鲜花礼品 </a><a href="#"></a> <a href="#"> 自助订花 </a>
<a href="#"> 绿色植物 </a> <a href="#"> 花之物语 </a>
<a href="#"> 会员中心 </a> <a href="#"> 联系我们 </a>
<p> 花的语言 </p>
<img src="img/flower1.jpg" width="250" height="180" />
```

<p> 花语是各国、各民族根据各种植物，尤其是花卉的特点、习性和传说典故，赋予的各种不同的人性化象征意义。花语是指人们用花来表达人的语言，表达人的某种感情与愿望，在一定的历史条件下逐渐约定俗成的，为一定范围人群所公认的信息交流形式。赏花要懂花语，花语构成花卉文化的核心，在花卉交流中，花语虽无声，但此时无声胜有声，其中的含义和情感表达甚于言语。</p>

<p> 花语是指人们用花来表达人的语言，表达人的某种感情与愿望，在一定的历史条件下逐渐约定形成的，为一定范围人群所公认的信息交流形式。赏化要懂化语，化语构成化丹文化的核心，在花卉交流中，花语虽无声，但此时无声胜有声，其中的含义和情感表达甚于言语。不能因为想表达自己的一番心意而在未了解花语时就乱送别人鲜花，结果只会引来别人的误会。</p>

<p> 花语最早起源于古希腊，那个时候不止是花，叶子、果树都有一定的含义。在希腊神话里记载过爱神出生时创造了玫瑰的故事，玫瑰从那个时代起就成为了爱情的代名词。花语在19世纪初 起源于法国，随即流行到英国与美国，是由一些作家所创造出来的，主要用来出版礼物书籍，特别是提供给当时上流社会女士们休闲时翻阅之用。</p>

<p> 真正花语盛行是在法国皇室时期，贵族们将民间对于花卉的资料整理编档，里面就包括了花语的信息，这样的信息在宫廷后期的园林建筑中得到了完美的体现。大众对于花语的接受是在19世纪中，那个时候的社会风气还不是十分开放，在大庭广众下表达爱意是难为情的事情，所以恋人间赠送的花卉就成为了爱情的信使。</p>

<p> 随着时代的发展，花卉成为了社交的一种赠予品，更加完善的花语代表了赠送者的意图。</p>
<p> 鲜花导购 </p>

```
<ul>
<li> 玫瑰花 </li>
<li> 百合花 </li>
<li> 郁金香 </li>
<li> 太阳花 </li>
<li> 康乃馨 </li>
<li> 马蹄莲 </li>
<li> 扶朗 </li>
<li> 剑兰 </li>
</ul>
```

```
</body>
</html>
```

保存"鲜花导购 .html"文件并运行，页面效果如图 4-2 所示。

花之语

鲜花礼品　自助订花　绿色植物　花之物语　会员中心　联系我们

花的语言

花语是各国、各民族根据各种植物，尤其是花卉的特点、习性和传说典故，赋予的各种不同的人性化象征意义。花语是指人们用花来表达人的语言，表达人的某种感情与愿望，在一定的历史条件下逐渐约定俗成的，为一定范围人群所公认的信息交流形式。赏花要懂花语，花语构成花卉文化的核心，在花卉交流中，花语虽无声，但此时无声胜有声，其中的含义和情感表达甚于言语。

花语是指人们用花来表达人的语言，表达人的某种感情与愿望，在一定的历史条件下逐渐约定形成的，为一定范围人群所公认的信息交流形式。赏花要懂花语，花语构成花卉文化的核心，在花卉交流中，花语虽无声，但此时无声胜有声，其中的含义和情感表达甚于言语。不能因为想表达自己的一番心意而在未了解花语时就乱送别人鲜花，结果只会引来别人的误会。

花语最早起源于古希腊，那个时候不止是花，叶子、果树都有一定的含义。在希腊神话里记载过爱神出生时创造了玫瑰的故事，玫瑰从那个时代起就成为了爱情的代名词。花语在 19 世纪初起源于法国，随即流行到英国与美国，是由一些作家所创造出来的，主要用来出版礼物书籍，特别是提供给当时上流社会女士们休闲时翻阅之用。

真正花语盛行是在法国皇室时期，贵族们将民间对于花卉的资料整理编档，里面就包括了花语的信息，这样的信息在宫廷后期的园林建筑中得到了完美的体现。大众对于花语的接受是在 19 世纪中，那个时候的社会风气还不是十分开放，在大庭广众下表达爱意是难为情的事情，所以恋人间赠送的花卉就成为了爱情的信使。

随着时代的发展，花卉成为了社交的一种赠予品，更加完善的花语代表了赠送者的意图。

鲜花导购

- 玫瑰花
- 百合花
- 郁金香
- 太阳花
- 康乃馨
- 马蹄莲
- 扶朗
- 剑兰

图 4-2　没有添加样式的页面效果

(4) 利用内嵌样式美化页面。在 <head> 标签中插入 <style></style> 标签，并根据样式要求在 <style></style> 标签中输入相应样式代码，具体如下：

```
<style type="text/css">
body{ font-size:14px;
background-color:#FFE5E5;
}
h1{ text-align:center;
font-size:42px;
color:#9D3151;
}
#link1{ text-align:center;
}
#link1 a{ color:#DE4EAF;
```

```
font-size:14px;

text-decoration:none;

margin-right:35px;

}

#bg{ background-color:#B3375C;

padding:10px;

color:#FFF

}

#bg img{ float:left;

margin:10px

}

.p1{text-decoration:underline;

font-style:oblique;

color:#FF9;

}

</style>
```

(5) 保存文件并预览。重新保存"鲜花导购 .html"文件，并刷新页面，效果如图 4-3 所示。

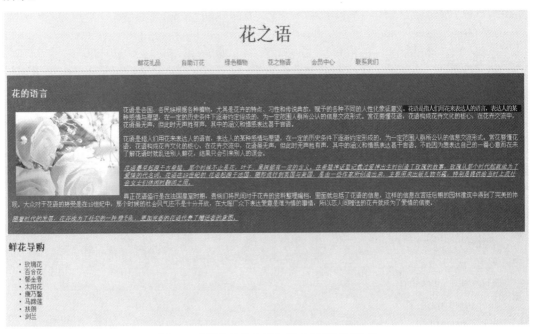

图 4-3 "鲜花导购"添加样式后的页面效果

五、总结评价

实训过程性评价表 (小组互评) 如表 4-4 所示。

表 4-4　实训过程性评价表

组别：_____　　组员：_____　　任务名称：　制作"鲜花导购"页面

教 学 环 节	评分细则	第　　　　组
课前预习	基础知识完整、正确（10 分）	得分：_____
实施作业	1. 操作过程正确（15 分） 2. 基本掌握操作要领（20 分） 3. 操作结果正确（25 分） 4. 小组分工协作完成（10 分）	各环节得分： 1:_____ 2:_____ 3:_____ 4:_____
质量检验	1. 学习态度（5 分） 2. 工作效率（5 分） 3. 代码编写规范（10 分）	1:_____ 2:_____ 3:_____
总分（100 分）		

六、课后作业

1. 填空题

(1) 在 HTML5 文档中添加样式，可用_____、_____和_____ 3 种方式。

(2) id 选择器以_____为前缀，后面跟一个自定义的 id 名。

(3) 类选择器以_____为前缀，后面跟一个自定义的类名。

2. 选择题

(1) 标题级别最高的标题标签是（　　　）。

A. <h1>　　　　　B. <h5>　　　　　C. <h6>　　　　　D. <h7>

(2) 表示强调的语气最重的标签是（　　　）。

A. <em>　　　　　B. <strong>　　　　　C. <b>　　　　　D. <i>

3. 实践练习

试结合给出的素材，运用 HTML5 页面元素及外链样式制作"字体设置准则"页面，效果图如图 4-4 所示。

图 4-4　"字体设置准则"页面效果图

4. 要求

(1) 完成本实训工作页的作业。

(2) 预习任务 5。

任务5　制作"荷塘月色"页面

一、任务引入

通过学习，小 H 了解了 CSS 的发展历程以及 CSS 的核心基础 (包括 CSS 语法规范、CSS 基本选择器)，能够对页面做简单的美化。但是，这对于追求专业级页面效果的小 H 来说，还远远不够，需要进一步学习 CSS 美化页面的其他相关知识。

网页的美化包括很多方面，这里对 CSS 美化文本以及 CSS 高级特性进行介绍。

二、相关知识

1. 文本样式属性

1) 字体样式属性

(1) font-size：字号大小。font-size 属性用于设置字号，该属性的值可以使用相对长度单位，也可以使用绝对长度单位，具体如表 5-1 所示。

表 5-1　相对长度单位和绝对长度单位

相对长度单位	说　　明
em	相对于当前对象内文本的字体尺寸
px	像素，最常用，推荐使用
绝对长度单位	说　　明
in	英寸
cm	厘米
mm	毫米
pt	点

(2) font-family：字体。font-family 属性用于设置字体。网页中常用的字体有宋体、微软雅黑、黑体等。例如，将网页中所有段落文本的字体设置为微软雅黑，可以使用如下 CSS 样式：

```
p{font-family:" 微软雅黑 ";}
```

可以同时指定多个字体，中间以逗号隔开，表示如果浏览器不支持第一个字体，则会尝试下一个，直到找到合适的字体。例如：

```
body{font-family:" 华文彩云 "," 宋体 "," 黑体 ";}
```

使用 font-family 设置字体时，需要注意以下几点：

① 各种字体之间必须用英文状态下的逗号隔开。

② 中文字体需要加英文状态下的引号，英文字体一般不需要加引号。当需要设置英文字体时，英文字体名必须位于中文字体名之前。

③ 如果字体名中包含空格、#、$ 等符号，则该字体必须加英文状态下的单引号或双引号，例如 font-family: "Times New Roman";。

④ 尽量使用系统默认字体，以保证在任何用户的浏览器中都能正确显示。

(3) font-weight: 字体粗细。font-weight 属性用于定义字体的粗细。字体粗细属性与取值如表 5-2 所示。

表 5-2　字体粗细属性与取值

值	描　　述
normal	默认值。定义标准的字符
bold	定义粗体字符
bolder	定义更粗的字符
lighter	定义更细的字符
100 ~ 900（100 的整数倍）	定义由细到粗的字符。其中，400 等同于 normal，700 等同于 bold，值越大字体越粗

(4) font-style：字体风格。font-style 属性用于定义字体风格，如设置斜体、倾斜或正常字体。其可用属性值如下：

normal：默认值，浏览器会显示标准的字体样式。

italic：浏览器会显示斜体的字体样式。

oblique：浏览器会显示倾斜的字体样式。

其中，italic 和 oblique 都用于定义斜体，两者在显示效果上并没有本质区别，但实际工作中常使用 italic。

(5) font：综合设置字体样式。font 属性用于对字体样式进行综合设置，其基本语法格式如下：

选择器 {font: font-style font-variant font-weight /line-height font-family;}

使用 font 属性时，必须按上面语法格式中的顺序书写，各个属性之间用空格隔开。其中，line-height 是指行高。

例如：

p{font-family:Arial," 宋体 ";

font-size:30px;

font-style:italic;

font-weight:bold;

font-variant:small-caps;

line-height:40px;}

等价于：

p{ font:italic small-caps bold 30px/40px Arial," 宋体 ";}

要使用 font 属性的综合样式写法，必须使用 font-family 属性，否则其余设置了的文本样式也不会生效。

(6) @font-face 属性。@font-face 属性是 CSS3 的新增属性，用于定义服务器字体。通过 @font-face 属性，开发者可以在用户计算机未安装字体时，使用任何喜欢的字体。使用 @font-face 属性定义服务器字体的基本语法格式如下：

```
@font-face{
            font-family: 字体名称 ;
            src: 字体路径 ;
      }
```

其中，font-family 用于指定该服务器字体的名称，该名称可以随意定义；src 属性用于指定该字体文件的路径。需要注意的是，服务器字体定义完成后，还需要对元素应用 "font-family" 字体样式。

(7) word-wrap 属性。word-wrap 属性用于实现长单词和 URL 地址的自动换行，其基本语法格式如下：

选择器 {word-wrap: 属性值 ;}

在上面的语法格式中，word-wrap 属性的取值有两种，如表 5-3 所示。

表 5-3   word-wrap 属性

值	描　　述
normal	只在允许的断字点换行 (浏览器保持默认处理)
break-word	在长单词或 URL 地址内部进行换行

2) 文本外观属性

(1) color：文本颜色。color 属性用于定义文本的颜色，其取值方式有如下 3 种：

① 预定义的颜色值，如 red、green、blue 等。

② 十六进制，如 #FF0000、#FF6600、#29D794 等。实际工作中，十六进制是最常用的定义颜色的方式。

③ RGB 代码，如红色可以表示为 rgb(255,0,0) 或 rgb(100%,0%,0%)。

(2) letter-spacing：字间距。letter-spacing 属性用于定义字间距。所谓字间距，就是字符与字符之间的空白。letter-spacing 属性值可为不同单位的数值，允许使用负值，默认为 normal。

(3) word-spacing：单词间距。word-spacing 属性用于定义英文单词之间的间距，对中文字符无效。和 letter-spacing 一样，word-spacing 属性值可为不同单位的数值，允许使用负值，默认为 normal。

word-spacing 和 letter-spacing 均可对英文进行设置。不同的是，letter-spacing 定义的为字母之间的间距，而 word-spacing 定义的为英文单词之间的间距。

(4) line-height：行间距。line-height 属性用于设置行间距。所谓行间距，就是行与行之间的距离，即字符的垂直间距，一般称为行高。

line-height 常用的属性值单位有 3 种，分别为像素 px、相对值 em 和百分比 %。实际工作中使用最多的是像素 px。

(5) text-transform：文本转换。text-transform 属性用于控制英文字符的大小写。text-transform 可用属性值如下：

none：不转换 (默认值)。

capitalize：首字母大写。

uppercase：全部字符转换为大写。

lowercase：全部字符转换为小写。

(6) text-decoration：文本装饰。text-decoration 属性用于设置文本的下画线、上画线、删除线等装饰效果。text-decoration 可用属性值如下：

none：没有装饰 (正常文本默认值)。

underline：下画线。

overline：上画线。

line-through：删除线。

(7) text-align：水平对齐方式。text-align 属性用于设置文本内容的水平对齐，相当于 HTML 中的 align 对齐属性。text-align 可用属性值如下：

left：左对齐 (默认值)。

right：右对齐。

center：居中对齐。例如：h2{ text-align:center;}

(8) text-indent：首行缩进。text-indent 属性用于设置首行文本的缩进，其属性值可为不同单位的数值、em 字符宽度的倍数或相对于浏览器窗口宽度的百分比，允许使用负值，建议使用 em 作为设置单位。注意，text-indent 属性仅适用于块级元素，对行内元素无效。

(9) white-space：空白符处理。使用 HTML 制作网页时，不论源代码中有多少空格，在浏览器中只会显示一个空白字符。在 CSS 中，使用 white-space 属性可设置空白符的处理方式。white-space 属性值如下：

normal：常规 (默认值)，文本中的空格、空行无效，满行 (到达区域边界) 后自动换行。

pre：预格式化，按文档的书写格式保留空格，空行原样显示。

nowrap：空格、空行无效，强制文本不能换行，除非遇到换行标记
。内容超出元素的边界也不换行，若超出浏览器页面，则会自动增加滚动条。

(10) text-shadow：阴影效果。在 CSS 中，使用 text-shadow 属性可以为页面中的文本添加阴影效果。text-shadow 的基本语法格式如下：

选择器 {text-shadow:h-shadow v-shadow blur color;}

其中，h-shadow 用于设置水平阴影的距离；v-shadow 用于设置垂直阴影的距离；blur 用于设置模糊半径；color 用于设置阴影颜色。当设置阴影的水平距离参数或垂直距离参数为负值时，可以改变阴影的投射方向。注意，阴影的水平或垂直距离参数可以设为负值，但阴影的模糊半径参数只能设置为正值，并且数值越大，阴影向外模糊的范围也就越大。

(11) text-overflow：标示对象内溢出文本。在 CSS 中，text-overflow 属性用于标示对象内溢出的文本。text-overflow 的基本语法格式如下：

　选择器 {text-overflow: 属性值 ;}

在上面的语法格式中，text-overflow 属性的常用取值有两个，具体如下：

clip：修剪溢出文本，不显示省略标记"…"。

ellipsis：用省略标记"…"标示被修剪文本。省略标记插入的位置是最后一个字符。

需要注意的是，要实现省略号标示溢出文本的效果，white-space:nowrap;、overflow:hidden;和 text-overflow:ellipsis; 这 3 个样式必须同时使用，缺一不可。

2. CSS 高级特性

1) CSS 层叠性与继承性

(1) 层叠性。所谓层叠性，是指多种 CSS 样式的叠加。例如，当使用内嵌式 CSS 样式表定义 <p> 标记字号大小为 12 像素，链入式定义 <p> 标记颜色为红色时，段落文本将会显示为 12 像素红色，即这两种样式产生了叠加。

(2) 继承。所谓继承性，是指书写 CSS 样式表时，子标记会继承父标记的某些样式，如文本颜色和字号。例如，当定义主体元素 body 的文本颜色为黑色时，页面中所有的文本将会显示为黑色，这是因为其他标记都嵌套在 <body> 标记中，是 <body> 标记的子标记。

不是所有的 CSS 属性都可以继承。例如，边框属性、外边距属性、内边距属性、背景属性、定位属性、布局属性、元素宽高属性就不具有继承性。

2) 优先级

定义 CSS 样式时，经常出现两个或更多规则应用在同一元素上，这时就会出现优先级的问题。

标记选择器具有权重 1，类选择器具有权重 10，id 选择器具有权重 100。当考虑权重时，初学者还需要注意一些特殊的情况。

(1) 继承样式的权重为 0。即在嵌套结构中，不管父元素样式的权重多大，被子元素继承时，它的权重都为 0。例如：

```
strong{ color:red;}
#header{ color:green;}
```

对应的 HTML 结构为：

```
<p id="header" class="blue">
    <strong> 继承样式不如自己定义 </strong>
```

</p>

虽然 #header 具有权重 100，但被 strong 继承时权重为 0；而 strong 选择器的权重虽然仅为 1，但它大于继承样式的权重，所以页面中的文本显示为红色。

(2) 行内样式优先。应用 style 属性的元素，其行内样式的权重非常高，可以理解为远大于 100。总之，它拥有比标记选择器、类选择器、id 选择器都大的优先级。

(3) 权重相同时，CSS 遵循就近原则。也就是说，靠近元素的样式具有最大的优先级，或者排在最后的样式优先级最大。

(4) CSS 定义了一个 !important 命令，该命令被赋予最大的优先级。也就是说，不管权重如何以及样式位置的远近，!important 都具有最大优先级。

需要注意的是，复合选择器的权重为组成它的基础选择器权重的叠加，但是这种叠加并不是简单的数字之和。复合选择器的权重无论为多少个标记选择器的叠加，其权重都不会高于类选择器。同理，复合选择器的权重无论为多少个类选择器和标记选择器的叠加，其权重都不会高于 id 选择器。

三、资源准备

1. 教学设备与工具

(1) 电脑 (每人一台)；
(2) U 盘、相关的软件 (Adobe Dreamweaver CS6 或 HBuilder)。

2. 职位分工

职位分工表如表 5-4 所示。

表 5-4　职位分工表

职　位	小组成员 (姓名)	工　作　分　工	备　注
组长 A			小组角色由组长进行统一安排。下一个项目角色职位互换，以提升综合职业能力
组员 B			
组员 C			
组员 D			
组员 E			

四、实践操作——制作"荷塘月色"页面

1. 任务引入、效果图展示

前面讲解了 CSS 的发展历程、CSS 基本语法与书写规范、CSS 基础选择器、CSS 美化文本、CSS 的层叠性、继承性和优先权等内容。本次实训将结合这些知识制作一个"荷塘月色"页面，默认效果如图 5-1 所示。

案例 5　制作
"荷塘月色"页面

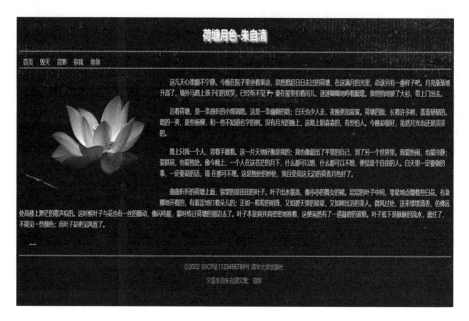

图 5-1 "荷塘月色"页面默认效果

当鼠标移到导航栏上的菜单选项时，文字颜色变为红色，如图 5-2 所示。

图 5-2 鼠标移到导航栏上的菜单选项时的效果

2. 任务分析

1) 结构分析

"荷塘月色"页面主要由标题区、导航区、主体内容区、页脚区 4 部分构成，各部分用水平线分隔。其中，标题区（头部信息）通过 <header> 元素定义，内部嵌套标题标签 <h1>；导航区由 <nav> 元素定义，内部嵌套无序列表 <ul>，每个菜单项再嵌套超链接 <a>，起到跳转的作用；主体内容区由 <section> 元素定义，内部嵌套图片标签 <img/> 和

段落标签 <p>，实现图片和文字段落；页脚区由 <footer> 元素定义，内部嵌套 <p> 标签，呈现版权信息和文章来源。

2) 样式分析

"荷塘月色"页面主要包括页面背景颜色、正文部分、页脚部分标题等样式。细分之下，主要有以下几点：

(1) 背景颜色：#000000(黑色)。文字颜色为 #FFFFFF(白色)，字号为 14px。

(2) 正文部分：行高为 1.5，段首空两个字符的位置 (首行缩进 2 个字符)。

(3) 页脚部分：字号为 13px，居中对齐，文字颜色为 #AAAAAA(灰色)，行高为 1。

(4) 水平线：清除浮动。

(5) 标题：水平居中，字号为 24px，加粗，微软雅黑，文字阴影 (4px 3px 3px #FFFF99)。

(6) ul：清除所有默认边距。

(7) 列表项：无编号类型，左浮动，外边距为 2px 10px。

(8) 超链接：删除下画线，颜色为 #FFFF99(浅黄色)。

(9) 图片：左浮动。

(10) 效果：鼠标移到导航栏的菜单项时，文字颜色变为红色。

3. 任务实现

(1) 文字素材准备。在网上搜索《荷塘月色》全文，并保存为一个记事本文件。

(2) 启动 HBuilder，并新建项目文件夹，再将 index.html 改为"荷塘月色 .html"，然后将所需图片素材拷贝至 img 文件夹中。

(3) 根据上述分析，使用相应的 HTML5 元素搭建网页结构，代码如下：

```
<!doctype html>
<html lang="en">
<head>
<meta charset="utf-8">
<title> 叶塘月色 </title>
</head>
<body>
<header></header>
<hr />
<nav></nav>
<hr />
<section></section>
<hr />
<footer></footer>
</body>
</html>
```

(4) 制作头部信息。在上述网页结构代码中添加 header 模块的结构代码，具体如下：

```
<header>
<h1> 荷塘月色 </h2>
</header>
```

（5）制作导航链接。在网页结构代码中添加 nav 模块的结构代码，具体如下：

```
<nav>
  <ul>
    <li><a href="#"> 首页 </a></li>
    <li><a href="#"> 毁灭 </a></li>
    <li><a href="#"> 背影 </a></li>
    <li><a href="#"> 你我 </a></li>
    <li><a href="#"> 匆匆 </a></li>
  </ul>
</nav>
```

（6）制作主体内容区。在网页结构代码中添加 section 模块的结构代码，具体如下：

```
<section>
  <img src="images/waterlily.jpg" />
<p>
```

　　这几天心里颇不宁静。今晚在院子里坐着乘凉，忽然想起日日走过的荷塘，在这满月的光里，总该另有一番样子吧。月亮渐渐地升高了，墙外马路上孩子们的欢笑，已经听不见了；妻在屋里拍着闰儿，迷迷糊糊地哼着眠歌。我悄悄地披了大衫，带上门出去。

```
</p>
<p>
```

　　沿着荷塘，是一条曲折的小煤屑路。这是一条幽僻的路；白天也少人走，夜晚更加寂寞。荷塘四面，长着许多树，蓊蓊郁郁的。路的一旁，是些杨柳，和一些不知道名字的树。没有月光的晚上，这路上阴森森的，有些怕人。今晚却很好，虽然月光也还是淡淡的。

```
</p>
<p>
```

　　路上只我一个人，背着手踱着。这一片天地好像是我的；我也像超出了平常的自己，到了另一个世界里。我爱热闹，也爱冷静；爱群居，也爱独处。像今晚上，一个人在这苍茫的月下，什么都可以想，什么都可以不想，便觉是个自由的人。白天里一定要做的事，一定要说的话，现在都可不理。这是独处的妙处，我且受用这无边的荷香月色好了。

```
</p>
<p>
```

　　曲曲折折的荷塘上面，弥望的是田田的叶子。叶子出水很高，像亭亭的舞女的裙。层层的叶子中间，零星地点缀着些白花，有袅娜地开着的，有羞涩地打着朵儿的；正如一粒粒的明珠，又如碧天里的星星，又如刚出浴的美人。微风过处，送来缕缕清香，仿佛远处高楼上渺茫的歌声似的。这时候叶子与花也有一丝的颤动，像闪电般，霎时传过荷塘的那边去了。叶子本是肩并肩密密地挨着，这便宛然有了一道凝碧的波痕。叶子底下是脉脉的流水，遮住了，不能见一些颜色；而叶子却更见风致了。

```
</p>
<p>
⋮
</p>
</section>
```

(7) 制作页脚区。在网页结构代码中添加 footer 模块的结构代码，具体如下：

```
<footer>
<p>&copy;2022 京 ICP 证 1123456789 号 清华大学出版社 </p>
<p> 文章来自朱自清文集：背影 </p>
</footer>
```

保存"荷塘月色 .html"文件并运行，页面效果如图 5-3 所示。

图 5-3　没有添加样式的页面效果

(8) 利用内嵌样式美化页面。在 <head> 标签中插入 <style></style> 标签，并根据样式要求在 <style></style> 标签中输入相应的样式代码，具体如下：

```
<style type="text/css">
body{
    background-color:#000000;
    color:#FFFFFF;
    font-size:14px;
}
```

```
section{
    line-height:1.5;
    text-indent:2em;
  }
footer{
    font-size:13px;
    text-align:center;
    color:#AAAAAA;
    line-height:1.0;
    }
hr{
  clear:both;
}
h1{
  text-align:center;
  font-size:24px;
  font-weight:900;
  font-family:" 微软雅黑 ";
  text-shadow:4px 3px 3px #FFFF99;
}
ul{
 margin:0;
 padding:0;
}
li{
    list-style-type:none;
    float:left;
    margin:2px 10px;
}
a{
 text-decoration:none;
 color:#FFFF99;
}
img{
  float:left;
}
nav ul li a:hover{
  color:red;
```

```
    }
</style>
```

(9) 保存文件并预览。重新保存"荷塘月色 .html"文件，并刷新页面，默认效果如图 5-4 所示；鼠标指针再移动至导航栏的菜单项上，效果如图 5-5 所示。

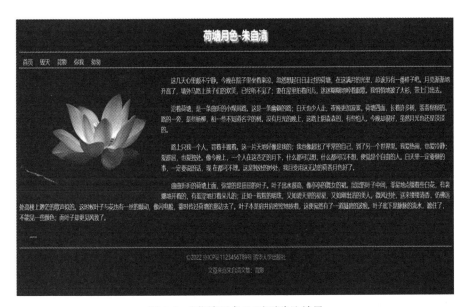

图 5-4　"荷塘月色"页面默认效果

图 5-5　鼠标移到导航栏的菜单选项时的效果

五、总结评价

实训过程性评价表 (小组互评) 如表 5-5 所示。

表 5-5   实训过程性评价表

组别：_____   组员：_____   任务名称：制作"荷塘月色"页面

教 学 环 节	评 分 细 则	第 组
课前预习	基础知识完整、正确 (10 分)	得分：_____
实施作业	1. 操作过程正确 (15 分) 2. 基本掌握操作要领 (20 分) 3. 操作结果正确 (25 分) 4. 小组分工协作完成 (10 分)	各环节得分： 1：_____ 2：_____ 3：_____ 4：_____
质量检验	1. 学习态度 (5 分) 2. 工作效率 (5 分) 3. 代码编写规范 (10 分)	1：_____ 2：_____ 3：_____
总分 (100 分)		

六、课后作业

1. 填空题

在 CSS3 中，使用_____属性设置字间距，_____属性设置词间距。

2. 判断题

(1) CSS3 的层叠性是指多种样式的叠加。(   )

(2) 101 个类选择器的叠加，其权重大于 1 个 id 选择器。(   )

(3) 当选择器的权重相同时，采用"就近原则"。(   )

3. 选择题

(1) 表示字体粗细的 font-weight 属性，其属性值 normal 对应的数值为 (   )。

A. 300   B. 400   C. 500   D. 600

(2) 关于 CSS3，下列说法错误的是 (   )。

A. CSS3 的语法规则由选择器和声明组成   B. CSS3 样式不能写在 HTML5 文档中

C. 行内样式只对其所在的标签起作用   D. 继承的样式优先级最低

4. 实践练习

试结合给出的素材，运用 HTML5 页面元素及外链样式制作"服装推广软文"页面，效果图如图 5-6 所示。

5. 要求

(1) 完成本实训工作页的作业。

(2) 预习任务 6。

图 5-6　"服装推广软文"页面效果图

任务 6　制作"菜品欣赏"图文页面

一、任务引入

通过学习，小 H 掌握了在 HTML5 文档中添加 CSS3 样式的方式，包括行内样式、内嵌样式、外链样式等，能够使用选择器挑选出想要设置样式的页面内容。在此基础上，小 H 还掌握了简单的文本样式，能够对一个页面做简单的美化效果。但是，要使页面效果更美观，仅掌握了上述知识和技能远远不够，还需要学习图像、视频、背景的美化方法。

二、相关知识

1 添加图像与图标

1) 添加图像

在 HTML5 中，使用 <img /> 标签标记图像，具体语法格式如下：

　<img src="url" alt=" 代替文本 " />

其中，src 属性表示图像的引用地址，一般用相对路径表示；alt 属性表示图像的代替文本，当图像元素因文件缺失、路径错误等原因无法显示时，浏览器将在原位置显示代替文本，这一属性在一些特定环境中非常重要。如盲人读屏软件会将代替文本朗读出来，帮助盲人识别图像。

2) 添加图标

此处的图标是指网站的 Logo，也称为网站图标。图标大小一般为 16×16 px，透明背景。网站图标一般显示在浏览器选项卡、历史记录、书签或地址栏中。在 HTML5 中，使用 <link /> 标签添加图标，具体语法格式如下：

　<link rel="shortcut icon" href=" 图标地址 " />

【说明】

(1) 上面语法格式中，rel 的属性值"shortcut icon"表示添加的是一个图标文件；href 属性表示图标文件的地址。有时还需要添加 type 属性，以便更多浏览器识别，属性值为 "image/x-icon"。需要注意的是，<link /> 标签必须写在头部标签中。

(2) 图标一般使用扩展名为".ico"的图像文件，但在使用 <link /> 标签添加图标时，也可以使用其他格式的图像，如 jpg、png 等。

2. 添加流

在 HTML5 中，新增加了流标签 <figure>，它表示页面中一块独立的内容，如图像、图表、代码片段等。流标签应与网页主体内容相关，但又独立于上下文，在页面中显示为具有左右缩进的内容块。

<figure> 标签中有一个表示流标题的 <figcaption> 标签，它位于 <figure> 标签的首行或尾行。一个 <figure> 标签中只允许有一个 <figcaption> 标签，也可以将其省略。

3. 嵌入多媒体文件

1) 嵌入音频

在 HTML5 中，使用 <audio> 标签嵌入音频文件，具体语法格式如下：

```
<audio src=" 音频地址 " controls="controls"> 说明文字 </audio>
```

其中，src 属性表示音频文件的地址；controls 属性表示显示音频的播放控件，其值为 controls；说明文字会在不支持 <audio> 标签的浏览器中显示。

【说明】

(1) <audio> 标签还有 autoplay 属性和 loop 属性，autoplay 属性值为 autoplay，表示多媒体文件载入后自动播放；loop 属性值为 loop，表示多媒体文件循环播放。

(2) <audio> 标签支持 3 种音频文件格式，分别为 ogg、mp3 和 wav。各浏览器并不完全支持这些格式，为了能够在不同的浏览器中正常播放嵌入的音频文件，可以使用 <audio> 标签的子标签 <source> 提供多种格式的文件。

使用"mp3"与"wav"两种格式在网页中嵌入音频，核心代码如下：

```
<audio controls="controls">
    <source src="media/a1.mp3" type="audio/mp3" />
    <source src="media/a1.wav" type="audio/wav" />
</audio>
```

当使用 <source> 标签时，浏览器会将其支持的文件格式加载到页面。

2) 嵌入视频

在 HTML5 中，使用 <video> 标签嵌入视频文件，具体语法格式如下：

```
<video src=" 视频地址 " controls="controls"> 说明文字 </video>
```

其中，各属性的含义与 <audio> 标签相同。

<video> 标签也具有 autoplay 属性与 loop 属性，以及 <source> 子标签。它们的用法与在 <audio> 标签中相同。

4. 使用 CSS3 美化图像与背景

1) 图像大小

使用 \<img /\> 标签的 width 和 height 属性可以设置图像大小，但一般不直接使用，而是建议使用 CSS3 中的 width 和 height 属性，因为这两个属性可以更加灵活地设置图像大小。

为图像设置宽度或高度时，浏览器会自动调整横纵比，以保证图像宽高比不变，避免图像变形。如果要同时为图像设置宽度和高度，就一定要注意宽高比。

2) 图像边框

网页中的图像元素默认是没有边框的，使用 CSS3 的 border 属性可以设置不同样式、不同颜色和不同宽度的边框。

(1) 边框样式。在 CSS3 中，使用 border-style 属性设置边框样式，具体语法格式如下：

　border-style:solid|dotted|dashed;

其中，solid 表示单实线，此外还有 double(双线)、groove(槽线)、ridge(脊线) 等表示实线的属性值；dotted 表示点线；dashed 表示虚线。

(2) 边框颜色。在 CSS3 中，使用 border-color 属性设置边框颜色，具体语法格式如下：

　border-color:color;

其中，属性值 color 与文本颜色的设置相同。

(3) 边框宽度。在 CSS3 中，使用 border-width 属性设置边框宽度，具体语法格式如下：

　border-width:length;

其中，属性值是表示边框宽度的数值与单位，不能使用百分比。

3) 透明度

在 CSS3 中，使用 opacity 属性设置图像透明度，具体语法格式如下：

　opacity:0 ～ 1;

opacity 的取值范围为 0 ～ 1，数值越高透明度越低，0 表示完全透明，1 表示完全不透明。

4) 圆角图像

在 CSS3 中，使用 border-radius 属性设置圆角样式，具体语法格式如下：

　border-radius:none|length;

其中，none 是默认值，表示没有圆角；length 表示设定弧度的数值，不能为负值。

使用 border-radius 属性设置圆角时，length 属性值可以为 1 ～ 4 个。它们的含义如下：

(1) 1 个属性值：统一设置 4 个圆角。

(2) 2 个属性值：第一个属性值设置左上角与右下角，第二个属性值设置右上角与左下角。

(3) 3 个属性值：第一个属性值设置左上角，第二个属性值设置右上角与左下角，第三个属性值设置右下角。

(4) 4 个属性值：按照左上、右上、右下、左下的顺序设置这 4 个方向的圆角。

5) 图像阴影

在 CSS3 中，使用 box-shadow 属性设置阴影，具体语法格式如下：

　box-shadow:h-shadow v-shadow blur spread color inset;

其中，spread 表示阴影的尺寸；inset 表示内部阴影；其余各属性与在文本阴影中的意义相同。

另外，上述各参数除 h-shadow 与 v-shadow 之外都可以省略。

这里介绍有关图像样式的属性可应用于 HTML5 中的大多数框型元素，如可用于设置视频元素的大小、边框、圆角、阴影等样式。此外，如要设置特定的行内元素，需要使用 display 属性将其转换为块元素，具体代码为"display:block;"。

6) 美化视频元素

可为视频元素设置诸如宽、高、边框、圆角边框、浮动等效果，以实现美化。

三、资源准备

1. 教学设备与工具

(1) 电脑 (每人一台)；

(2) U 盘、相关的软件 (Adobe Dreamweaver CS6 或 HBuilder)。

2. 职位分工

职位分工表如表 6-1 所示。

表 6-1　职位分工表

职　位	小组成员 (姓名)	工 作 分 工	备　注
组长 A			
组员 B			小组角色由组长进行统一安排。下一个项目角色职位互换，以提升综合职业能力
组员 C			
组员 D			
组员 E			

四、实践操作 —— 制作"菜品欣赏"图文页面

1. 任务引入、效果图展示

前面讲解了 HTML5 中图像、图标、流、音频、视频等多媒体元素的添加方法，以及图像大小、图像边框、透明度、圆角图像、图像阴影等多媒体元素的美化方法。本次实训将结合这些知识制作一个"菜品欣赏"的图文，页面效果如图 6-1 所示。

案例 6　制作"菜品欣赏"图文页面

图 6-1　"菜品欣赏"页面效果

2. 任务分析

分析"菜品欣赏"页面的构成元素，并将其拆解为几个部分，然后分析各部分使用了哪些 HTML5 标记及应用了哪些 HTML5 标记的属性。

其中，整个页面内容先定义一个 div，内部的标题元素用 H1 定义，菜品部分由无序列表嵌套图片元素实现。

3. 任务实现

(1) 启动 HBuilder，并新建项目文件夹 example06，再将 index.html 改为"food.html"，然后将所需图片素材拷贝至 img 文件夹中。

(2) 根据上述分析，使用相应的 HTML5 元素搭建网页结构，代码如下：

```html
<!DOCTYPE html>
<html>
    <head>
            <meta charset="utf-8">
            <title> 菜品欣赏 </title>
    </head>
    <body>
            <div class="d1">
            <h1> 中华名菜 </h1>
            <ul class="food">
                    <li><img src="images/ 鲍汁扒时蔬 .jpg" /><span> 鲍汁扒时蔬 </span></li>
                    <li><img src="images/ 潮州牛肉丸 .jpg" /><span> 潮州牛肉丸 </span></li>
                    <li><img src="images/ 醋熘山药 .jpg" /><span> 醋溜山药 </span></li>
                    <li><img src="images/ 鹅肝酱烧丝瓜 .jpg" /><span> 鹅肝酱烧丝瓜 </span></li>
                    <li><img src="images/ 翡翠藕盒 .jpg" /><span> 翡翠藕盒 </span></li>
                    <li><img src="images/ 风味香辣虾 .jpg" /><span> 风味香辣虾 </span></li>
            </ul>
            </div>
    </body>
</html>
    </body>
</html>
```

上述代码中，<span></span> 标签用于包裹菜品名，方便以后处理菜品名的文字样式。运行上述代码，页面默认效果如图 6-2 所示。

图 6-2　页面默认效果

(3) 样式设置。添加内部样式，即在 <head></head> 中添加 <style></style> 标签，并输入以下代码：

```
.d1{
        width: 1354px;
        height: 296px;
        border: #48486B 2px dashed;
        border-radius: 10px;
        background-color:#FFFEE7;
    }
h1{
    text-align: center;
    }
img{
    width: 200px;
    height: 150px;
    display: block;
    border: solid #E4E8FF 2px;
    border-radius:10px 60px ;
}
li{
    display: inline;
    float: left;
    padding: 5px;
```

```
        margin: 5px 5px -2px 5px ;
        text-align: center;
        border: #48486B dashed 2px;
        border-radius: 10px 10px 0 0;
        }
span{
        font-weight: bold;
        font-size: 1.5em;
        color: #48486B;
        display:block;
        text-align: center;
        padding-top: 10px;
        }
.food{
        overflow: hidden;
        padding-left:0px;
        }
img:hover{
        opacity: 0.6;
        }
li:first-child{
        border-radius: 0 10px 0 10px;
        margin-left:-2px;/* 左侧外边距 -2px*/
        }
li:last-child{
        border-radius: 10px 0 10px 0;
        margin-right:-2px;
        }
```

对图像与文本进行排版，并运行上述代码，页面效果如图 6-3 所示。

图 6-3 添加样式后的页面效果

五、总结评价

实训过程性评价表 (小组互评) 如表 6-2 所示。

表 6-2　实训过程性评价表

组别：＿＿＿＿＿＿　　　组员：＿＿＿＿＿＿＿＿＿　　　任务名称：　制作"菜品欣赏"图文页面

教 学 环 节	评 分 细 则	第　　　组
课前预习	基础知识完整、正确 (10 分)	得分：＿＿＿＿
实施作业	1. 操作过程正确 (15 分) 2. 基本掌握操作要领 (20 分) 3. 操作结果正确 (25 分) 4. 小组分工协作完成 (10 分)	各环节得分： 1：＿＿＿＿＿ 2：＿＿＿＿＿ 3：＿＿＿＿＿ 4：＿＿＿＿＿
质量检验	1. 学习态度 (5 分) 2. 工作效率 (5 分) 3. 代码编写规范 (10 分)	1：＿＿＿＿＿ 2：＿＿＿＿＿ 3：＿＿＿＿＿
总分 (100 分)		

六、课后作业

1. 填空题

(1) border-left-color 属性用于设置＿＿＿＿＿＿＿＿＿＿＿＿＿＿＿＿。

(2) opacity 属性的取值范围是＿＿＿＿＿＿＿＿＿＿＿＿＿＿＿。

(3) 嵌入视频时，可以使用＿＿＿＿＿＿＿＿＿＿＿＿＿＿＿标签来提供多个不同格式的视频文件。

2. 判断题

(1) 在 HTML5 文档中，可以通过添加 <audio></audio> 标签来添加视频元素。(　　　)

(2) <audio></audio> 标签中，可以通过 autoplay 属性和 loop 属性来设置音频文件自动、循环播放。(　　　)

3. 选择题

(1) 关于引用文件的地址，下列说法错误的是 (　　　)。

A. 有绝对路径与相对路径两种引用方式

B. src="p1.jpg" 说明引用文件与当前文件在同一文件夹

C. src="images/p1.jpg" 说明引用文件在当前文件夹的下一级文件夹

D. 引用文件在当前文件的上一级文件夹时，应使用绝对路径表示

(2) 以下 border-style 属性值中，不表示实线的是 (　　)。

A. double　　　　B. solid　　　　C. dashed　　　　D. ridge

(3) (单选题)border-radius:10px 20px 30px; 表示设置 (　　)。

A. 右上角为 10px，左上角与左下角为 20px，右下角为 30px 的圆角

B. 左上角为 10px，右上角与左下角为 20px，右下角为 30px 的圆角

C. 左上角为 10px，右上角与右下角为 20px，左下角为 30px 的圆角

D. 右上角为 10px，左上角与右下角为 20px，左下角为 30px 的圆角

4. 实践练习

在 Hbuilder 中打开配套素材"应用和美化图像及多媒体 1"→"项目实训"→"eol"→"main.html"和"main.css"文档，然后按照以下要求修改这两个文档。"main.html"的最终页面效果图如图 6-4 所示。

图 6-4　"main.html"的最终页面效果图

(1) 在"main.html"文档上方添加列表元素 (最好放置在 nav 元素中)。列表项内容参考图 6-4。

(2) 将列表的背景颜色设置为"#A5A27F"，溢出部分隐藏 (overflow:hidden;)。

(3) 将列表的宽度设置为 960px；上下外边距设置为零，左右外边距设置为自动调节，左侧内边距设置为零 (padding-left:0;)。

(4) 将列表项转换为行内元素，并将其宽度设置为 100px，高度设置为 30px，左外边距为 70px，上外边距为 10px，文本颜色为白色，字体加粗。

(5) 设置当鼠标指针经过列表项时，文本颜色为"#4b452b"。

5. 要求

(1) 完成本实训工作页的作业。

(2) 预习任务 7。

任务 7　制作"音乐排行榜"页面

一、任务引入

通过学习，小 H 已经掌握了图片、视频的美化方法，基本上能够做出较好的"图文

混排"效果。但是，学无止境，小 H 对页面美化的追求并未止步，他还想获得更多、更美妙的页面效果，如背景样式的美化方法。

二、相关知识

1. 背景样式

1) 设置背景图像

(1) 设置背景图像。在 CSS3 中，使用 background-image 属性设置背景图像，具体语法格式如下：

```
background-image:none|url;
```

其中，none 是默认值，表示无背景图像；url 表示背景图像的地址。

(2) 设置背景图像的显示方式。在 CSS3 中，使用 background-repeat 属性设置背景图像的显示方式，具体语法格式如下：

```
background-repeat:repeat-x|repeat-y|repeat|no-repeat|round|space;
```

各属性值的含义如下：

① repeat-x：在水平方向上平铺。

② repeat-y：在竖直方向上平铺。

③ repeat：在水平与竖直方向上平铺。

④ no-repeat：不平铺，只显示一次。

⑤ round：自动缩放以适应容器。

⑥ space：以相同间距平铺整个容器或某个方向。

(3) 设置背景图像的显示位置。

默认情况下，背景图像显示在元素左上角。在 CSS3 中，可以使用 background-position 属性重新设置背景图像的显示位置，具体语法格式如下：

```
background-position:length-x length-y;
```

其中，length-x 表示背景图像在水平方向的位置，具有属性值 left、center 及 right，默认值为 left；length-y 表示背景图像在垂直方向的位置，具有属性值 top、center 及 bottom，默认值为 top。

Left 和 top 都可以使用数值与单位表示，也可以使用百分比，当使用数值或百分比时，均以左上角为原点确定背景图像的显示位置。另外，如果只设置一个参数，那么浏览器将默认第二个参数为 center，即 50%。

(4) 固定背景图像。在 CSS3 中，使用 background-attachment 属性设置背景图像的固定方式，具体语法格式如下：

```
background-attachment:scroll|fixed|local;
```

其中，scroll 是默认值，表示背景相对于元素固定；fixed 表示背景相对于浏览器窗体固定；local 表示背景相对于元素内容固定。

(5) 设置背景图像大小。background-size 用于指定背景图像的大小。CSS3 以前，背景图像大小由图像的实际大小决定。CSS3 中可以指定背景图像，即在不同的环境中指定背景图像的大小。用户可以指定像素或百分比大小。用户指定的大小是相对于父元素的宽度和高度的百分比的大小。例如：

```
div
{
    background:url(img_flwr.gif);
    background-size:80px 60px;
    background-repeat:no-repeat;
}
```

(6) 设置背景图像的位置区域。background-origin 属性用于指定背景图像的位置区域。在 content-box(内容区)、padding-box(内边距区) 和 border-box(边框区) 区域内可以放置背景图像。例如：

```
div
{
    background:url(img_flwr.gif);
    background-repeat:no-repeat;
    background-size:100% 100%;
    background-origin:content-box;/* 在内容区开始显示图像 */
}
```

(7) 设置多个背景图像。CSS3 允许用户在元素上添加多个背景图像。如在 body 元素中设置两个背景图像：

```
body
{
    background-image:url(img_flwr.gif),url(img_tree.gif);
}
```

用逗号隔开多个图像的路径，并且需要为每张图像设置图像位置，否则会出现图像的重叠。

(8) 设置背景图像的裁剪区域。CSS3 中，background-clip 背景剪裁属性是从指定位置开始绘制。它有 3 个取值，分别为 content-box(内容区)、padding-box(内边距区) 和 border-box(边框区)。例如：

```
#example1 {
    border: 10px dotted black;
    padding: 35px;
    background: yellow;
    background-clip: content-box;
}
```

(9) CSS3 的多重背景。多重背景是指 CSS2 中 background 的属性外加 origin、clip 和 size 组成的新 background 的多次叠加，缩写时为用逗号隔开的每组值；用分解写法时，如果有多个背景图像，而其他属性只有一个 (例如 background-repeat 只有一个)，表明所有背景图像应用该属性值。

语法缩写如下：

background：[background-color] | [background-image] | [background-position][/background-size] | [background-repeat] | [background-attachment] | [background-clip] | [background-origin],...

可以把上面的缩写拆解成以下形式：

background-image:url1,url2,...,urlN;

background-repeat : repeat1,repeat2,...,repeatN;

backround-position : position1,position2,...,positionN;

background-size : size1,size2,...,sizeN;

background-attachment : attachment1,attachment2,...,attachmentN;

background-clip : clip1,clip2,...,clipN;

background-origin : origin1,origin2,...,originN;

background-color : color;

2) 设置背景颜色

在 CSS3 中，使用 background-color 属性设置背景颜色，具体语法格式如下：

background-color:color;

其中，属性值 color 与文本颜色的设置相同。

2. 图文混排

图文混排是网页中较为常见的表现形式，也更有利于提升用户的阅读体验。默认情况下，图像作为行内元素显示在页面中，也就是说，它可以与文本一起放置在段落标签中，以达到图文混排的效果。但是，这样的排版效果并不理想，无法做出文本环绕图像的页面效果。

使用 CSS 样式中的浮动属性 float，可以使元素脱离原本的文档流，移动到容器的边界，以达到图文混排的效果。float 属性值可以设置为 left、right 或 none，表示元素向左、向右浮动或不浮动。

3. 渐变样式

CSS3 渐变 (Gradients) 可以让背景在两个或多个指定的颜色之间显示平稳的过渡。以前，用户必须使用图像来实现这些效果。现在，通过使用 CSS3 渐变，用户可以减少下载的时间和宽带的使用。此外，因为渐变是由浏览器生成的，所以渐变效果的元素在放大时看起来效果更好。CSS3 定义了两种类型的渐变：

(1) 线性渐变 (Linear Gradients)：向下 / 向上 / 向左 / 向右 / 对角方向定义。

(2) 径向渐变 (Radial Gradients)：由它们的中心定义。

1) 线性渐变

在 CSS3 中，使用 linear-gradient() 方法设置线性渐变，具体语法格式如下：

linear-gradient(angle,color1,color2…);

其中，angle 表示渐变的方向，可以使用角度 (单位为 deg) 或关键字表示。4 个关键字的含义如下：

(1) to bottom：默认值，表示渐变从上到下，等同于 180deg。

(2) to top：表示渐变从下到上，等同于 0deg。

(3) to left：表示渐变从右到左，等同于 270deg。

(4) to right：表示渐变从左到右，等同于 90deg。

可以使用如 to bottom left(从右上到左下) 的关键字组合来实现对角线方向的线性渐变。color1、color2 表示渐变的颜色，还可以在它们的后面增加一个长度值或百分比，表示渐变的起点位置，颜色值与起点位置之间用空格隔开。一个线性渐变至少包含两个渐变颜色。

2) 径向渐变

在 CSS3 中，使用 radial-gradient() 函数设置径向渐变，具体语法格式如下：

 radial-gradient(shape size position,color1,color2…);

其中，shape 表示渐变的类型，包括 circle(圆形) 和 ellipse(椭圆形) 两类；size 表示圆形的半径或者椭圆的半长轴与半短轴，可以使用数值、百分比或关键字表示。4 个关键字的含义如下：

(1) farthest-corner：设置渐变的半径长度为从圆心到离圆心最远的角。

(2) farthest-side：设置渐变的半径长度为从圆心到离圆心最远的边。

(3) closest-side：设置渐变的半径长度为从圆心到离圆心最近的边。

(4) closest-corner：设置渐变的半径长度为从圆心到离圆心最近的角。

position 表示渐变中心点的位置。一般包含两个参数，分别表示水平位置坐标与竖直位置坐标，可以使用数值、百分比或关键字表示。关键字包括 left(左边线)、right(右边线)、center(中心)、top(上边线) 和 bottom(下边线)。设置一个参数时，默认第二个参数为 center，百分比为 50%。

需要注意的是，position 需位于 shape 和 size 之后，并在参数前加一个 at。color1、color2 与线性渐变中的设置方法相同。

三、资源准备

1. 教学设备与工具

(1) 电脑 (每人一台)；

(2) U 盘、相关的软件 (Adobe Dreamweaver CS6 或 HBuilder)。

2. 职位分工

职位分工表如表 7-1 所示。

表 7-1　职位分工表

职位	小组成员 (姓名)	工作分工	备注
组长 A			小组角色由组长进行统一安排。下一个项目角色职位互换，以提升综合职业能力
组员 B			
组员 C			
组员 D			
组员 E			

四、实践操作——制作"音乐排行榜"页面

案例 7   制作"音乐排行榜"页面

1. 任务引入、效果图展示

前面讲解了 HTML5 中图像和列表的添加方法,以及图像大小、图像边框、透明度、圆角图像、图像阴影、背景样式、背景颜色、图文混排、线性渐变和径向渐变的用法。本次实训将结合这些知识制作一个"音乐排行榜"的页面,效果如图 7-1 所示。

2. 任务分析

分析"音乐排行榜"页面的构成元素,并将其拆解为几个部分,然后分析各部分使用了哪些 HTML5 标记及应用了哪些 HTML5 标记的属性。

1) 结构分析

如果把各个元素都看成具体的盒子,则图 7-1 所示的页面由多个盒子构成。音乐排行榜模块整体主要由唱片背景和歌曲排名两部分构成。其中,唱片背景可以通过一个大的 div 进行整体控制;歌曲排名结构清晰,排序不分先后,可以通过无序列表 <ul> 进行定义,如图 7-2 所示。

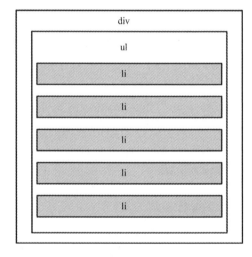

图 7-1   "音乐排行榜"页面效果   图 7-2   页面结构

2) 样式分析

控制图 7-1 的样式主要分为以下几个部分:

(1) 通过最外层的大盒子对页面进行整体控制,即需要对其设置宽度、高度、圆角、边框、渐变及内边距等样式,实现唱片背景效果。

(2) 整体控制列表内容 (ul),即需要对其设置宽度、高度、圆角、阴影等样式。

(3) 设置 5 个列表项 (li) 的宽高、背景样式属性。其中,第一个 li 需要添加多重背景图像,最后一个 li 底部需要圆角化,并对它们单独进行控制。

3. 任务实现

(1) 启动 HBuilder,并新建项目文件夹 example07,再将 index.html 改为"music.

html"，然后将所需图片素材拷贝至 img 文件夹中。

(2) 根据上述分析，使用相应的 HTML5 元素搭建网页结构，代码如下：

```
<!doctype html>
<html>
<head>
<meta charset="utf-8">
<title> 音乐排行榜 </title>
</head>
<body>
<div class="bg">
<ul>
<li class="tp"></li>
<li>vnessa—constance</li>
<li>dogffedrd—seeirtit</li>
<li>dsieirif—constance</li>
<li>wytuu—qeyounted</li>
<li class="yj">qurested—conoted</li>
</ul>
</div>
</body>
</html>
```

在上述 HTML 结构代码中，最外层的 div 用于对音乐排行榜模块进行整体控制，其内部嵌套了一个 <ul> 无序列表，用于定义音乐排名。

运行上述代码，页面效果如图 7-3 所示。

图 7-3　HTML 结构页面效果

(3) 搭建完页面的结构后，接下来为页面添加 CSS 样式。采用从整体到局部的方式实现图 7-1 所示的效果，具体如下：

① 定义基础样式。在定义 CSS 样式时，首先要清除浏览器默认样式，代码如下：

```
*{margin:0; padding:0; list-style:none; outline:none;}
```

② 整体控制歌曲排行榜模块。通过一个大的 div 对歌曲排行榜模块进行整体控制，并为其添加相应的代码，具体如下：

```
/* 整体控制歌曲排行榜模块 */
.bg{
    width:600px;
    height:550px;
    background-image:repeating-radial-gradient(circle at 50% 50%,#333,#000 1%);
```

```
        margin:50px auto;
        padding:40px;
        border-radius:50%;
        padding-top:50px;
        border:10px solid #CCC;
    }
```

③ 设置歌曲排名部分样式。歌曲排名部分整体可以看作是一个无序列表，需要为其添加圆角和阴影等样式，代码如下：

```
/* 歌曲排名部分 */
ul{
    width:372px;
    height:530px;
    background:#FFF;
    border-radius:30px;
    box-shadow:15px 15px 12px #000;
    margin:0 auto;
}
ul li{
    width:372px;
    height:55px;
    background:#504D58 url(images/yinfu.png) no-repeat 70px 20px;
    margin-bottom:2px;
    font-size:18px;
    color:#D6D6D6;
    line-height:55px;
    text-align:center;
    font-family:" 微软雅黑 ";
}
```

④ 设置需要单独控制的列表项样式。在控制歌曲排名部分的无序列表中，第一个显示图像的列表项 (li) 和最后一个圆角化的列表项 (li) 需要单独控制，代码如下：

```
/* 需要单独控制的列表项 */
ul .tp{
    width:372px;
    height:247px;
    background:#FFF;
    background-image:url(images/yinyue.jpg),url(images/wenzi.jpg);
    background-repeat:no-repeat;
```

```
    background-position:87px 16px,99px 192px;
    border-radius:30px 30px 0 0;
    }
ul .yj{border-radius:0 0 30px 30px;}
```

运行上述代码，效果如图 7-4 所示。

图 7-4　添加 CSS 样式后的页面效果

五、总结评价

实训过程性评价表 (小组互评) 如表 7-2 所示。

表 7-2　实训过程性评价表

组别：_____　　　组员：_____　　　　　任务名称：<u>制作"音乐排行榜"页面</u>

教 学 环 节	评 分 细 则	第　　　组
课前预习	基础知识完整、正确 (10 分)	得分：_____
实施作业	1. 操作过程正确 (15 分) 2. 基本掌握操作要领 (20 分) 3. 操作结果正确 (25 分) 4. 小组分工协作完成 (10 分)	各环节得分： 1:_____ 2:_____ 3:_____ 4:_____
质量检验	1. 学习态度 (5 分) 2. 工作效率 (5 分) 3. 代码编写规范 (10 分)	1:_____ 2:_____ 3:_____
总分 (100 分)		

六、课后作业

1. 填空题

(1) 设置背景图像只显示一次的属性值为＿＿＿＿＿＿＿＿＿＿＿＿。

(2) RGB 颜色模式包含 3 个参数，分别表示＿＿＿＿＿、＿＿＿＿＿、＿＿＿＿＿3 种原色的通道。

(3) "display:inline-block;"表示＿＿＿＿＿＿＿＿＿＿＿＿＿＿＿。

2. 判断题

(1) 在线性渐变中，to bottom 表示渐变方向从上到下，等同于 180deg。（　　）

(2) 在径向渐变中，shape 表示渐变的类型，包括圆形和椭圆形两类。（　　）

3. 选择题

(1) 以下 background-attachment 属性值中，表示相对浏览器窗口固定的属性值是（　　）。

A. repeat　　　　　B. scroll　　　　C. fixed　　　　　D. local

(2) 以下表示渐变方向的属性值等同于 90deg 的是（　　）。

A. to bottom　　　　B. to top　　　　C. to left　　　　D. to right

4. 实践练习

试结合所学知识，运用 div 相关属性、背景属性以及渐变属性制作一个播放器图标，效果图如图 7-5 所示。

图 7-5　播放器图标效果图

5. 要求

(1) 完成本实训工作页的作业。

(2) 预习任务 8。

项目三　使用 CSS 设置链接、列表与菜单

(1) 掌握简单的纵向导航栏、横向导航栏、带图片效果的横向导航栏、带下拉菜单的横向导航栏的制作方法，并掌握 CSS 图文混排、图片对齐方式等美化图像的方法。

(2) 了解表格布局和列表布局的特点，掌握 CSS 设置列表项目符号的方法，并掌握 CSS 美化列表及制作图文信息列表的方法。

(3) 了解 URL 的基本概念和组成部分。

(4) 掌握使用 HTML 添加普通链接、内容块链接、图像链接、电子邮件链接、下载链接等超链接的方法。

(5) 掌握锚点链接的使用方法，能够在当前网页和其他网页创建锚点链接。

(6) 掌握 CSS 伪类的用法，能够使用 CSS 伪类设置超链接样式。

(7) 掌握使用 CSS 制作文字链接、图文链接、按钮式链接的方法，并掌握使用 CSS 实现超链接特效的方法，能够制作新闻列表、图形化按钮和荧光灯效果的菜单。

(1) 熟练应用 CSS 美化列表。

(2) 熟练应用 CSS 美化超链接。

(3) 熟练应用 CSS 美化菜单。

(4) 能够综合应用列表、超链接、菜单等美化页面。

(1) 在教学中，有机融入大国工匠精神、团队协作精神、社会主义核心价值观，帮助学生树立正确的世界观、价值观、人生观、道德观。

(2) 在实践过程中，鼓励学生遇见难题不要轻言放弃，要多渠道、多角度寻求问题的解决方案。

(3) 通过德育的层面引导学生要学会辩证地看问题，在解决问题的过程中培养学生的自信心，升华对中国特色的"四个自信"的认识。

任务 8　用 CSS 美化下拉菜单

一、任务引入

小 H 总是被网站中某个特定的模块吸引，如导航栏。导航栏也称为菜单，它在网页中占有很重要的地位，利用它可以打开网站的各个功能模块。如果没有导航栏，我们无法将网站的功能完整地体现在页面上。好的导航栏可以让网站的易用性得到更好的体现。这里学习如何制作及使用 CSS 美化导航栏，从而使网页页面更加个性化。

二、相关知识

导航栏的主要功能是通过超链接实现从本页面跳转到用户想要查看的其他页面，其中鼠标在导航栏上的某个菜单项移动时一般会有变色的效果。一个好的导航栏应让用户能快捷、准确地访问网站要展现的主要内容，同时导航栏的风格也要与网站本身的风格相匹配。

导航栏包括纵向导航栏、横向导航栏、带下拉菜单的导航栏等。在制作导航栏的过程中，一般会使用 CSS 样式表对导航栏进行设置和美化。

图 8-1　纵向导航栏效果图

1. 制作简单的纵向导航栏

1) 效果图展示

纵向导航栏效果图如图 8-1 所示。

该纵向导航栏可看成由一个大盒子和内嵌的 6 个小盒子构成。大盒子可看成是整个导航栏整体 (菜单)，6 个小盒子可看成是 6 个独立的导航条目 (即菜单项)，所以整个结构可由无序列表构成。

2) 搭建页面结构

页面结构的搭建主要通过无序列表嵌套超链接来实现，代码如下：

```
<!DOCTYPE html>
<head>
<meta charset="utf-8" />
<title> 简易纵向菜单实例 </title>
</head>
<body>
<ul>
<li><a href="#"> 我的首页 </a></li>
```

```
<li><a href="#"> 心情日记 </a></li>
<li><a href="#"> 学习心得 </a></li>
<li><a href="#"> 工作笔记 </a></li>
<li><a href="#"> 生活琐碎 </a></li>
<li><a href="#"> 联系我们 </a></li>
</ul>
</body>
</html>
```

- 我的首页
- 心情日记
- 学习心得
- 工作笔记
- 生活琐碎
- 联系我们

图 8-2　未添加样式的纵向导航栏效果

未添加样式的纵向导航栏效果如图 8-2 所示。

3) 设置 CSS 样式

利用内嵌样式美化纵向导航栏，代码如下：

```
<style type="text/css">
ul li {
    list-style:none;
    width:100px;
    height:30px;
    line-height:30px;
    margin-bottom:1px;
    text-align:center;
}
ul li a{
    display: block;
    text-decoration:none;
    font-size: 14px;
    color: #FFCC00;
    background-color: #000066;
    border-left-width: 10px;
    border-left-style: solid;
    border-left-color: #FF9900;
}
ul li a:hover{
    color:#FFFFFF;
    background-color: #000033;
    border-left-width: 10px;
    border-left-style: solid;
    border-left-color:#D8D803;
}
</style>
```

图 8-3　添加了样式的纵向导航栏效果

保存文件后，刷新页面，效果如图 8-3 所示。

4) 使用 CSS 的小技巧

(1) 合理利用 display:block 属性。

display 属性规定元素的显示类型，它具有多个不同的属性值，其中 display:block 表示将元素转换为块元素。

(2) 利用 margin-bottom 设置间隔效果。

在制作纵向导航栏或者列表一类的纵向 HTML 结构时，如果要求导航栏的每两项之间有一定间隔，则可以使用 margin-bottom 属性来实现。

对于单个元素，margin-bottom 属性是设置此元素和它下面的元素的间隔。当 margin-bottom 属性被设置在纵向菜单或者列表结构里面时，就可以产生均匀的间隔效果。

(3) 利用 border 设置特殊边框。

特殊边框的设置并不困难，border 可以对 4 个方向的边框分别进行设置。那么在设置边框时，可以单独设置一个方向的边框，也可以对多个方向的边框分别进行不同的样式设置。

2. 制作简单的横向导航栏

1) 效果图展示

横向导航栏效果图如图 8-4 所示。

图 8-4　横向导航栏效果图

2) 搭建页面结构

主要通过 div、无序列表和超链接来搭建页面结构。整个横向导航栏用一个名为"topmenu"的盒子来实现，内部嵌套无序列表，列表项中再嵌套超链接，代码如下：

```
<!DOCTYPE html>
<head>
<meta charset=" utf-8" />
<title> 旅游路线 </title>
</head>
<body>
  <div id="topmenu">
    <ul>
      <li><a href="#"> 雪域西藏 </a></li>
      <li><a href="#"> 天府四川 </a></li>
      <li><a href="#"> 稻城亚丁 </a></li>
      <li><a href="#"> 神奇九寨 </a></li>
      <li><a href="#"> 永恒三峡 </a></li>
      <li><a href="#"> 雄秀峨眉 </a></li>
```

```
        <li><a href="#"> 川藏万里 </a></li>
        <li><a href="#"> 城市驿站 </a></li>
        <li><a href="#"> 出国咨询 </a></li>
      </ul>
    </div>
  </body>
</html>
```

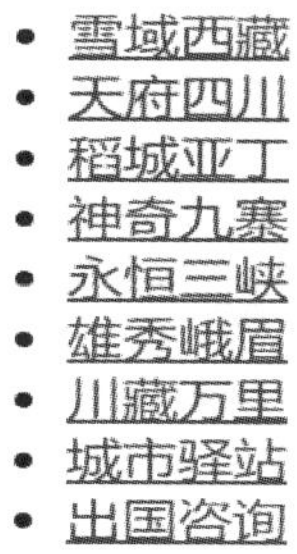

- 雪域西藏
- 天府四川
- 稻城亚丁
- 神奇九寨
- 永恒三峡
- 雄秀峨眉
- 川藏万里
- 城市驿站
- 出国咨询

图 8-5　未添加样式的横向导航栏效果

未添加样式的横向导航栏效果如图 8-5 所示。

3) 设置 CSS 样式

使用内嵌样式，代码如下：

```
<style type="text/css">
#topmenu {
    background:#515151;
    font-size:14px;
    color: #FFFFFF;
    height:27px;
}
#topmenu ul {
    list-style-type: none;
}
#topmenu li {
    float:left;
    text-align: center;
    line-height:27px;
}
#topmenu li a {
    display: block;
    width: 100px;
    color: #FFF;
    text-decoration: none;
}
#topmenu li a:hover {
    background:#F00;
    color: #FFF;
}
</style>
```

保存文件后，刷新页面，效果如图 8-6 所示。

图 8-6　添加了样式的横向导航栏效果

4) 使用 CSS 的小技巧

(1) 使用浮动属性。

浮动属性作为 CSS 的重要属性，在网页布局中至关重要。在 CSS 中，通过 float 属性定义浮动。所谓元素的浮动，是指设置了浮动属性的元素会脱离标准文档流的控制，移动到其父元素中指定位置的过程。这样可以更改元素默认从上到下一一罗列的形式。浮动属性的格式如下：

选择器 {float: 属性值 ;}

其中，属性值可取 left、right、none，分别表示元素向左浮动、元素向右浮动、元素不浮动 (默认值)。

(2) 使用 display 属性。

网页是由多个块元素和行内元素构成的盒子排列而成。如果希望行内元素具有块元素的某些特性 (如可以设置宽高)，或者需要块元素具有行内元素的某些特性 (如不独占一行排列)，则可以使用 display 属性对元素的类型进行转换。display 属性常用的属性值及其含义如下：

inline：此元素将显示为行内元素 (行内元素默认的 display 属性值)。

block：此元素将显示为块元素 (块元素默认的 display 属性值)。

inline-block：此元素将显示为行内块元素。可以对其设置宽、高和对齐等属性，但是该元素不会独占一行。

none：此元素将被隐藏，不显示，也不占用页面空间，相当于该元素不存在。

3. 制作带图片效果的横向导航栏

1) 效果图展示

带图片效果的横向导航栏如图 8-7 所示。

图 8-7　带图片效果的横向导航栏

2) 搭建页面结构

通过 div 和超链接搭建页面结构，代码如下：

```
<!DOCTYPE html>
</html>
<head>
<meta charset="utf-8" />
<title> 带有背景变换效果的横向菜单 </title>
</style>
```

```
</head>
<body>
<div class="menus">
    <a href="#"> 首页 </a>
    <a href="#"> 管理咨询 </a>
    <a href="#"> 营销策划 </a>
    <a href="#"> 项目推广 </a>
    <a href="#"> 招生代理 </a>
    <a href="#"> 展览展示 </a>
    <a href="#"> 兼职人事 </a>
    <a href="#"> 设计制作 </a>
    <a href="#"> 联系我们 </a>
    <a href="#"> 投诉建议 </a>
</div>
</body>
</html>
```

未添加样式的横向导航栏效果如图 8-8 所示。

首页 管理咨询 营销策划 项目推广 招生代理 展览展示 兼职人事 设计制作 联系我们 投诉建议

图 8-8   未添加样式的横向导航栏效果

3) 设置 CSS 样式

利用内嵌样式美化导航栏，代码如下：

```
<style>
.menus{
    width:802px;
    height:41px;
    background:url(images/menuBg.jpg) no-repeat;
}
.menus a{
    float:left;
    width:78px;
    height:41px;
    text-align:center;
    line-height:41px;
    color:#FFFFFF;
    text-decoration:none;
    font-size:12px;
}
```

```
.menus a:hover{
    background:url(images/menu_ok.jpg) no-repeat center;
    overflow:hidden;
}
```

保存文件后，刷新页面，效果如图 8-9 所示。

图 8-9　添加了样式的带图片效果的横向导航栏

4) 使用 CSS 的小技巧

(1) 要将行内元素设置为块元素，除了使用 display:block，还可以使用浮动方式，如 float:left。

(2) 要将元素隐藏，可以对该元素使用 display:hidden；若要将隐藏的元素再显示，则使用 display:block。

(3) 当元素溢出时，要将溢出部分不显示，可通过 overflow:hidden 来设置。

(4) 背景图像可以通过 background:url(路径) no-repeat 来设置。

三、资源准备

1. 教学设备与工具

(1) 电脑 (每人一台)；

(2) U 盘、相关的软件 (Adobe Dreamweaver CS6 或 HBuilder)。

2. 职位分工

职位分工表如表 8-1 所示。

表 8-1　职 位 分 工 表

职　位	小组成员 (姓名)	工 作 分 工	备　注
组长 A			
组员 B			小组角色由组长进行统
组员 C			一安排。下一个项目角色
组员 D			职位互换，以提升综合职
组员 E			业能力

四、实践操作 —— 用 CSS 美化下拉菜单

1. 任务引入、效果图展示

前面讲解了各种导航栏的制作和美化方法，本次实训将结合这些知识制作一个带下拉菜单的水平导航栏，并将其美化，效果如图 8-10 所示。

案例 8　用 CSS 美化下拉菜单

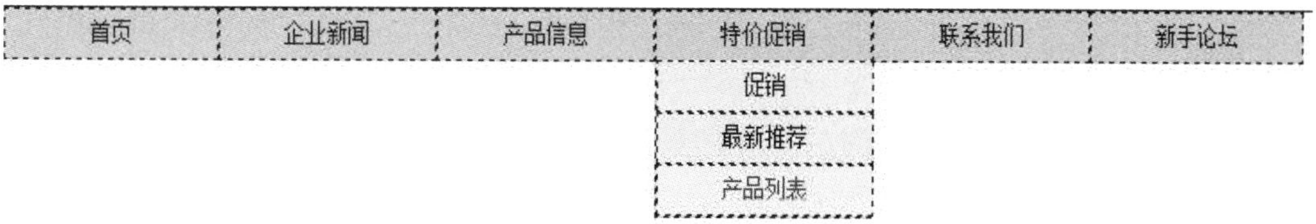

| 首页 | 企业新闻 | 产品信息 | 特价促销 | 联系我们 | 新手论坛 |

			促销		
			最新推荐		
			产品列表		

图 8-10 带下拉菜单的水平导航栏效果

2. 任务分析

1) 结构分析

带下拉菜单的水平导航栏主要通过 div 和列表嵌套来实现，列表项中使用超链接。由于有一级菜单和二级菜单，因此可通过在一级列表 (无序列表) 的列表项中嵌套无序链表来实现。

2) 样式分析

带下拉菜单的水平导航栏主要由背景颜色、边框、鼠标悬停时背景颜色改变等效果组成。

3. 任务实现

(1) 启动 HBuilder，并新建项目文件夹 example08，再将 index.html 改为 "nav.html"。

(2) 根据上述分析，使用相应的 HTML5 元素搭建网页结构，代码如下：

```
<!DOCTYPE html>
<html>
<head>
<meta charset="utf-8" />
<title> 带下拉菜单的水平导航栏 </title>
</head>
<body>
<div class="nav">
 <ul>
  <li><a href="#"> 首页 </a>
   <ul>
    <li><a href="#"> 最新更新 </a></li>
    <li><a href="#"> 下载排行 </a></li>
   </ul>
  </li>
  <li><a href="#"> 企业新闻 </a>
   <ul>
    <li><a href="#"> 企业介绍 </a></li>
    <li><a href="#"> 最新动态 </a></li>
   </ul>
```

```
    </li>
    <li><a href="#"> 产品信息 </a>
      <ul>
        <li><a href="#"> 最新产品 </a></li>
        <li><a href="#"> 产品列表 </a></li>
      </ul>
    </li>
    <li><a href="#"> 特价促销 </a>
      <ul>
        <li><a href="#"> 促销 </a></li>
        <li><a href="#"> 最新推荐 </a></li>
        <li><a href="#"> 产品列表 </a></li>
      </ul>
    </li>
    <li><a href="#"> 联系我们 </a>
      <ul>
        <li><a href="#"> 公司信息 </a></li>
        <li><a href="#"> 联系我们 </a></li>
        <li><a href="#"> 公司地图 </a></li>
      </ul>
    </li>
    <li><a href="#"> 新手论坛 </a>
      <ul>
        <li><a href="#"> 你问我答 </a></li>
        <li><a href="#"> 网站大学堂 </a></li>
        <li><a href="#"> 论坛 </a></li>
      </ul>
    </li>
  </ul>
</div>
</body>
</html>
```

- 首页
  - 最新更新
  - 下载排行
- 企业新闻
  - 企业介绍
  - 最新动态
- 产品信息
  - 最新产品
  - 产品列表
- 特价促销
  - 促销
  - 最新推荐
  - 产品列表
- 联系我们
  - 公司信息
  - 联系我们
  - 公司地图
- 新手论坛
  - 你问我答
  - 网站大学堂
  - 论坛

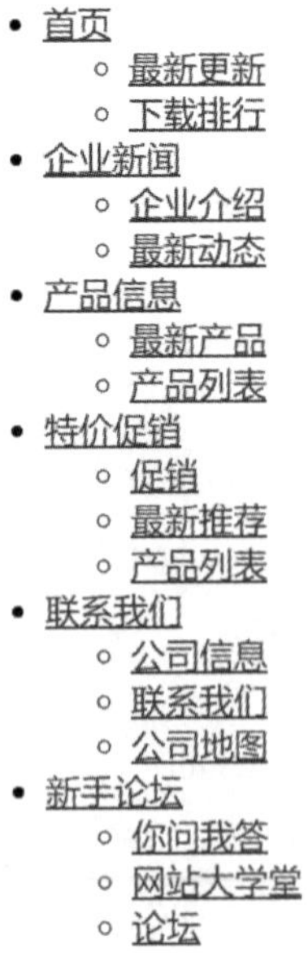

图 8-11　HTML 结构页面效果

在上述 HTML 结构代码中，最外层的 div 用于对导航栏进行整体控制，其内部嵌套了一个 <ul> 无序列表用于一级菜单，一级菜单项里又嵌套一个 ul 用于二级菜单，即下拉菜单。

运行上述代码，页面效果如图 8-11 所示。

(3) 搭建完页面结构后，接下来为页面添加 CSS 样式。采用内嵌样式，代码如下：

```css
<style type="text/css">
*{
    margin:0;
    padding:0;
}
li{
    list-style:none;
    text-align:center;
    line-height:24px;
}
a{
    text-decoration:none;
    color:#333333;
    font-size:12px;
    line-height:24px;
    display:block;
}
.nav ul li{
    width:120px;
    float:left;
    border:1px #333 dashed;
    background:#FFD2D2;
}
.nav ul li ul{
    display:none;
}
.nav ul li a:hover{
    color:#FFF;
    background-color:#BB0916;
}
.nav ul li:hover ul,.nav ul li a:hover ul {
    display:block;
    width:120px;
    height:24px;
}
.nav ul li ul li {
    background-color:#FEE;
```

```
    width:120px;
}
.nav ul ul li a:hover{
background:#F7F7B9;
color:#666666;
}
</style>
```

保存文件后，刷新页面，效果如图 8-12 所示。

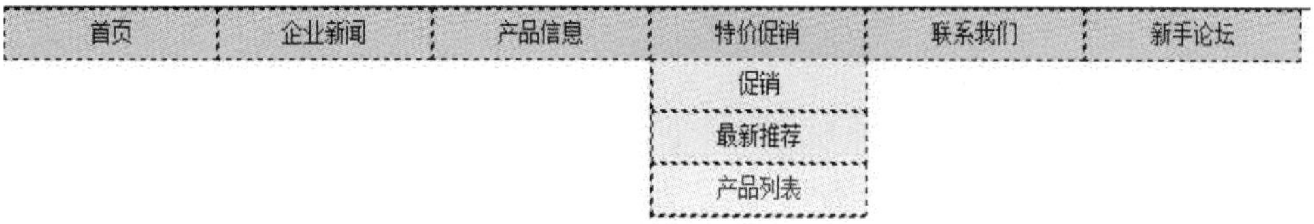

图 8-12　添加 CSS 样式后的导航栏效果

五、总结评价

实训过程性评价表（小组互评）如表 8-2 所示。

表 8-2　实训过程性评价表

组别：＿＿＿＿＿＿＿　　组员：＿＿＿＿＿＿＿＿＿＿＿　　任务名称：用 CSS 美化下拉菜单＿＿＿

教学环节	评分细则	第　　组
课前预习	基础知识完整、正确 (10 分)	得分：
实施作业	1. 操作过程正确 (15 分) 2. 基本掌握操作要领 (20 分) 3. 操作结果正确 (25 分) 4. 小组分工协作完成 (10 分)	各环节得分： 1:＿＿＿＿＿＿ 2:＿＿＿＿＿＿ 3:＿＿＿＿＿＿ 4:＿＿＿＿＿＿
质量检验	1. 学习态度 (5 分) 2. 工作效率 (5 分) 3. 代码编写规范 (10 分)	1:＿＿＿＿＿＿ 2:＿＿＿＿＿＿ 3:＿＿＿＿＿＿
总分 (100 分)		

六、课后作业

1. 实践练习

试结合所学知识，制作一个带有下拉菜单的仿京东商品列表的横向菜单，要求菜单在默认状态时为浅绿色底色，鼠标一移动到菜单项上面时就出现对应的下拉菜单，如图 8-13 所示。

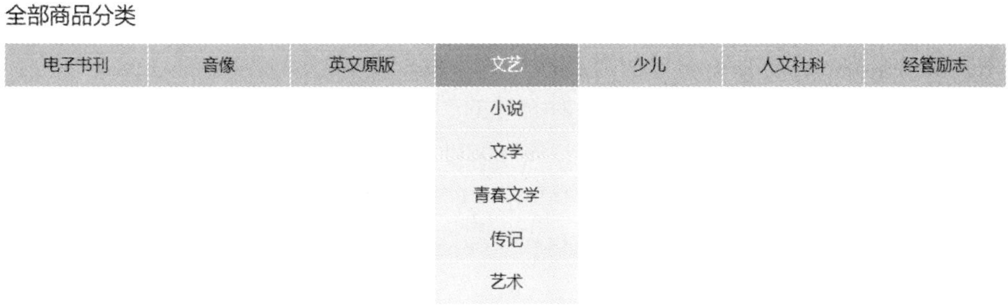

全部商品分类

电子书刊	音像	英文原版	文艺	少儿	人文社科	经管励志
			小说			
			文学			
			青春文学			
			传记			
			艺术			

图 8-13　鼠标移动到菜单项上面时效果

2. 要求

(1) 完成本实训工作页的作业。

(2) 预习任务 9。

任务 9　制作八大行星科普网页

一、任务引入

图像 (图片) 是网页中不可缺少的内容，它能使页面更加丰富多彩，也能让用户更直观地感受网页传达的信息。图像的很多属性可以直接在 HTML 中进行调整，并通过 CSS 统一管理。这样，不但可以更加精确地调整图像的各种属性，还可以实现很多特殊的效果。本任务将详细介绍用 CSS 设置图像基本属性、风格样式的方法，包括设置图像的边框、对齐方式和图文混排等，并通过实例介绍文字和图像的各种运用，为进一步深入探讨相关知识打下基础。

二、相关知识

1. 设置图像边框

在 HTML 中，可以直接通过 <img> 标记的 border 属性为图像添加边框，border 属性值表示边框的粗细，以 px 为单位。若设置该属性值为 "0"，则显示没有边框。代码如下：

```
<img src="img.jpg" border="0">
```

```
<img src="img.jpg" border="2">
```

使用这种方法存在很大限制，即所有的边框是黑色，而且风格十分单一，都是实线，且只能在边框粗细上作调整。如果希望更换边框的颜色，或者将其换成虚线边框，仅依靠 HTML 是无法实现的。

1) 基本属性

在 CSS 中，可以通过边框属性为图像添加各式各样的边框。border-style 属性用来定义边框的线型，如虚线、实线或点画线等。

在 CSS 中，一个边框由以下 3 个属性组成：

(1) border-width(粗细)：可以使用 CSS 中的各种长度单位，最常用的是 px。

(2) border-color(颜色)：可以使用各种合法的颜色。

(3) border-style(线型)：可以在一些预先定义好的线型中选择。

边框线型的各种风格在后面还会详细介绍。读者可以先自行尝试不同的风格，选择自己喜爱的线型。另外，还可以通过 border-color 属性定义边框的颜色，通过 border-width 属性定义边框的粗细。

例如，使用 CSS 设置边框，代码如下：

```
<head>
<title> 图像 - 设置边框 </title>
<style type="text/css">
.test1{
    border-style:dotted;/* 点画线 */
    border-color:#996600;        /* 边框颜色 */
    border-width:4px;            /* 边框粗细 */
}
.test2{
    border-style:dashed;         /* 虚线 */
    border-color:blue;           /* 边框颜色 */
    border-width:2px;            /* 边框粗细 */
}
</style>
</head>
<body>
    <img src="cup.jpg" class="test1"> <img src="cup.jpg" class="test2">
</body>
```

设置各种图像边框效果如图 9-1 所示，第一幅图像设置的是金黄色、4px 宽的点画线，第二幅图像设置的是蓝色、2px 宽的虚线。

图 9-1   设置各种图像边框效果

2) 为不同的边框分别设置样式

上面设置方法会对一个图像的 4 条边框同时产生作用。如果分别为 4 条边框设置不同的样式，在 CSS 中也是可以实现的。只需要分别设置 border-left、border-right、border-top、border-bottom 属性即可，它们依次对应左、右、上、下 4 条边框。

在使用时，依然是每条边框分别设置粗细、颜色和线型 3 项。例如，要设置右边框的颜色，相应的属性就是 border-right-color，因此这样的属性共有 $4 \times 3 = 12$ 个。例如：

```
<head>
    <title> 图像 - 分别设置边框样式 </title>
    <meta charset="utf-8">
    <style type="text/css">
        img {
            border-left-style: dotted;
            /* 左点画线 */
            border-left-color: #FF9900;
            /* 左边框颜色 */
            border-left-width: 3px;
            /* 左边框粗细 */
            border-right-style: dashed;
            border-right-color: #33CC33;
            border-right-width: 2px;
            border-top-style: solid;
            /* 上实线 */
            border-top-color: #CC44FF;
            /* 上边框颜色 */
            border-top-width: 2px;
            /* 上边框粗细 */
            border-bottom-style: groove;
            border-bottom-color: #66cc66;
            border-bottom-width: 3px;
        }
    </style>
</head>
<body>
    <img src="cup.jpg" class="test1">
</body>
```

图 9-2　分别设置 4 条边框效果

分别设置 4 条边框效果如图 9-2 所示。可以看到，图像的 4 条边框被分别设置了不同的风格样式。

这样将 12 个属性依次设置固然是可以的,但是比较烦琐。事实上,在绝大多数情况下,各条边框的样式基本上是相同的, 仅有个别样式不一样, 这时可以先进行统一设置, 再针对个别边框进行特殊设置。例如:

```
<head>
  <title> 图像 -CSS 样式简写 </title>
  <meta charset="utf-8">
  <style type="text/css">
    img{
      border-style: dashed;
      border-width: 2px;
      border-color: red;
      border-left-style: solid;
      border-top-width: 4px;
      border-right-color: blue;
    }
  </style>
</head>
<body>
  <img src="cup.jpg" class="test1">
</body>
```

边框效果如图 9-3 所示。这里,先对 4 条边框进行了统一设置,然后分别对上边框的粗细、右边框的颜色和左边框的线型进行了特殊设置。

图 9-3   边框效果

在熟练掌握上述方法后,还可以将 border 属性的各个属性值写到同一条语句中,用空格分离,这样可以大大简化 CSS 代码的长度。例如:

img{border-style:dashed;border-width:2px;border-color:red;}

上面的代码可简化为：

img{border:2px red dashed;}

这两段代码是完全等价的，但后者写起来要简单得多：把 3 个属性值依次排列，用空格分隔即可。这种方式适用于对边框同时设置属性的情况。

2. 图像缩放

使用 CSS 控制图像大小的方法与使用 HTML 一样，也是通过 width 和 height 两个属性来实现的。不同的是，CSS 中可以使用更多的属性值，如相对值和绝对值等。例如，当设置 width 属性值为 50% 时，图片的宽度将被调整为原图像宽度的一半，代码如下：

```
<head>
<title> 图片缩放 </title>
<style>
img.test1{
width:50%;              /* 相对宽度 */
}
</style>
</head>
<body>
<img src="cup.jpg" class="test1">
</body>
```

因为设置的是相对大小（相对于 body 的宽度），所以当拖动浏览器窗口以改变其宽度时，图像的大小也会相应地发生变化。

这里需要注意的是，当只设置了图像的 width 属性而没有设置 height 属性时，图像本身会自动等比例缩放。如果只设置 height 属性，也是一样的道理。只有同时设置 width 和 height 属性时，才会不等比例缩放，代码如下：

```
<head>
<title> 不等比例缩放 </title>
<style>
img.test1{
width:70%; /* 相对宽度 */
height:110px; /* 绝对高度 */
}
</style>
</head>
<body>
<img src="cup.jpg" class="test1">
</body>
```

3. 图文混排

在 Word 中进行文字与图像的排版有多种方式，在网页中同样可以通过 CSS 实现各种图文混排的效果。这里将在文字排版和图像对齐等知识的基础上，介绍 CSS 图文混排的具体方法。

1) 文字环绕

文字环绕的方式在实际页面中应用非常广泛，如果再配合内容、背景等的设置，便可以实现各种绚丽的效果。在 CSS 中，主要是通过给图像设置 float 属性来实现文字环绕的。例如：

```html
<head>
    <title> 文字环绕 - 调整图文间距 </title>
    <meta charset="utf-8">
    <style>
            body {
                    background-color: #EAECDF;        /* 页面背景颜色 */
                    margin: 0px;
                    padding: 0px;
            }
            img {
                    float: right;                     /* 文字环绕图像 */
                    margin: 10px;
            }
            p {
                    color: #000000;                   /* 文字颜色 */
                    margin: 0px;
                    padding-top: 10px;
                    padding-left: 5px;
                    padding-right: 5px;
            }
            p::first-letter {
                    float: left;                      /* 首字放大 */
                    font-size: 60px;
                    font-family: 黑体 ;
                    margin: 0px;
                    padding-right: 5px;
            }
    </style>
</head>
<body>
```

<img src="einstein.jpg" border="0">

<p> 阿尔伯特·爱因斯坦 (Albert Einstein,1879 年 3 月 14 日－ 1955 年 4 月 18 日)，是出生于德国、拥有瑞士和美国国籍的犹太裔理论物理学家，他创立了现代物理学的两大支柱之一的相对论，也是质能等价公式的发现者。他在科学哲学领域颇具影响力。因为"对理论物理的贡献，特别是发现了光电效应的原理"，他荣获 1921 年度的诺贝尔物理学奖 (1922 年颁发)。这一发现为量子理论的建立踏出了关键性的一步。</p>

   </body>

在上面的实例中，我们对图像使用了 float:right，使它位于页面左侧，文字对它进行环绕排版。此外，也对第一个"阿"字运用了 float:left，使文字环绕图像，还运用了首字放大的方法。可以看到，图像环绕与首字放大的设置方式几乎是完全相同的，只不过对象分别是图像和文字，效果如图 9-4 所示。

如果对 img 设置 float 属性为 left，则图像将会移动至页面右侧，从而实现文字在左边环绕，如图 9-5 所示。可以看到，这样的排版方式确实非常灵活，可以给设计师带来很大的创作空间。

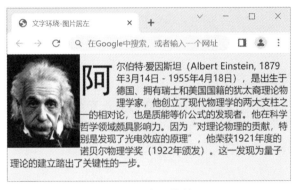

图 9-4　文字环绕效果

图 9-5　修改后的文字环绕效果

2) 设置图像与文字的间距

如果希望图像与环绕的文字有一定的距离，只需要给 <img> 标记添加 margin 或者 padding 属性即可，代码如下：

img{float:right;margin:10px;}

效果如图 9-6 所示。可以看到，图像与文字的距离明显变远了。如果把 margin 属性值设置为负数，那么文字将会移动到图像上方，读者可以自行操作。margin 和 padding 是 CSS 网页布局的核心属性，其详细用法会在后面深入介绍。

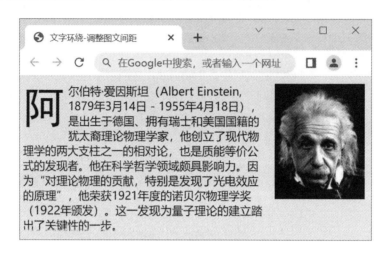

图 9-6 使图像与文字有一定距离的效果

4. 设置图像与文字的对齐方式

当图像与文字同时出现在页面上时，图像的对齐方式显得很重要。合理地将图像对齐到理想的位置，是使页面整体协调、统一的重要因素。这里从图像横向对齐和纵向对齐两种情况出发，介绍 CSS 设置图像对齐方式的方法。

1) 横向对齐

图像横向对齐的方法与文字水平对齐的方法基本相同，分为左、中、右 3 种。不同的是，图像的横向对齐通常不能直接通过设置图像的 text-align 属性实现，而是要通过设置其父元素的该属性来实现。例如：

```
<head>
<title> 图文水平对齐方式 </title>
    <meta charset="utf-8">
</head>
<body>
        <p style="text-align:left;"><img src="cup.jpg"></p>
        <p style="text-align:center;"><img src="cup.jpg"></p>
        <p style="text-align:right;"><img src="cup.jpg"></p>
</body>
```

效果如图 9-7 所示。可以看到，图像在段落中分别以左、中、右的方式对齐。如果直接在图像上设置横向对齐方式，则达不到想要的效果。

图 9-7 横向对齐的效果

对文本段落设置它的 text-align 属性，目的是确定该段落中的内容在水平方向如何对齐。可以看到，它不仅对普通的文本起作用，也对图像起相同的作用。

2) 纵向对齐

图像纵向对齐方式主要体现在图像与文字搭配的情况下，尤其当图像的高度与文字本身不一致时。在 CSS 中，同样是通过 vertical-align 属性 (一个比较复杂的属性) 来实现搭配的。

例如：

 <p><img src="demo.jpg">lpsum</p>

没有进行任何设置时的默认效果如图 9-8 所示。

从图 9-8 中可能看不出这个方形和旁边的文字是如何对齐的，这时如果在图中画一条横线，就可以看得很清楚了，如图 9-9 所示。

图 9-8 默认的纵向对齐方式　　图 9-9 图像与文字基线对齐

可以看到，大多数英文字母的下端是在同一水平线上的。对于 p、j 等字母，它们的最下端则低于这条水平线。这条水平线被称为 "基线" (Baseline)，同一行中的英文字母都以此为基准进行排列。

由此可以得出，在默认情况下，行内的图像的最下端将与同行的文字的基线对齐。要改变这种对齐方式，需要使用 vertical-align 属性。例如，将上面的代码修改为如下形式：

<p>img src="demo.jpg" style="vertical-align:text-bottom;">lpsum</p>

效果如图 9-10 所示。可以看到，如果将 vertical-align 属性设置为 text-bottom，则图像的下端将不再按照默认的方式与基线对齐，而是会与文字的最下端所在的水平线对齐。还可以将 vertical-align 属性设置为 text-top，此时，图像的上端会与文字的最上端所在的水平线对齐，如图 9-11 所示。

图 9-10   图像与文字底端对齐   图 9-11   图像与文字顶端对齐

此外，经常用到的应该是居中对齐。可以将 vertical-align 属性设置为 middle，以实现居中对齐。这个属性值的严格定义是，图像的"竖直中点"与文字的基线加上文字高度的一半所在的水平线对齐，如图 9-12 所示。

图 9-12   图像与文字居中对齐

上面介绍了 4 种对齐方式——基线对齐、文字底端对齐、文字顶端对齐、居中对齐。vertical-align 属性还可以被设置为很多种属性值，这里不再一一介绍。

三、资源准备

1. 教学设备与工具

(1) 电脑 (每人一台)；

(2) U 盘、相关的软件 (Adobe Dreamweaver CS6 或 HBuilder)。

2. 职位分工

职位分工表如表 9-1 所示。

表 9-1 职 位 分 工 表

职 位	小组成员 (姓名)	工 作 分 工	备 注
组长 A			
组员 B			小组角色由组长进行统一安排。下一个项目角色职位互换，以提升综合职业能力
组员 C			
组员 D			
组员 E			

四、实践操作——制作八大行星科普网页

案例 9 设置
图文信息列表

1. 任务引入、效果图展示

本次实训以介绍太阳系的八大行星为例，充分利用 CSS 图文混排的方法实现页面效果。八大行星科普网页的最终效果如图 9-13 所示。

图 9-13　八大行星科普网页的最终效果

2. 任务分析

分析八大行星科普网页的构成元素，并将其拆解为几个部分，然后分析各部分使用了哪些 HTML5 标记及应用了哪些 CSS 样式。

八大行星科普网页主要是通过多个 img 图像标记和 p 段落标记来实现的。为了实现图像和文字的左右混排，在 CSS 中将图像逐个设置向左和向右浮动。

3. 任务实现

(1) 收集素材。首先选取一些相关的图像和文字介绍，将总体描述和图像放在页面最

上端，然后采用首字放大的方法设置首字效果。相关代码如下：

```
<img src="baall.jpg" class="pic2">

<p><span class="first"> 太 </span> 阳系是以太阳为中心，和所有受到太阳的重力约束天体的集
合体：8 颗行星、至少 165 颗已知的卫星、3 颗已经辨认出来的矮行星 ( 冥王星和它的卫星 ) 和数以亿
计的太阳系小天体。这些小天体包括小行星、柯伊伯带的天体、彗星和星际尘埃。依照至太阳的距离，
行星序是水星、金星、地球、火星、木星、土星、天王星和海王星，8 颗中的 6 颗有天然的卫星环绕着。
</p>
```

(2) 为整个页面选取一个合适的背景色。为了表现广袤的星空，这里用黑色作为整个页面的背景色；用图文混排的方式将图像靠右，并适当调整文字与图像的距离；将正文文字设置为白色。相关代码如下：

```
body{background-color:black;/* 页面背景色 */}

p{font-size:13px;/* 段落文字大小 */        color:white;}

img{border:1px #999 dashed;/* 图像边框 */}

span.first{font-size:60px;font-family: 黑体 ;float:left;font-weight:bold;
    color:#CCC;/* 首字颜色 */}
```

首字放大且图像靠右的效果如图 9-14 所示。

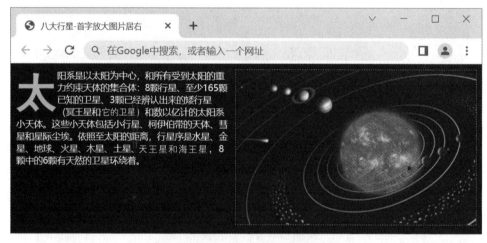

图 9-14　首字放大且图像靠右的效果

(3) 设置图文混排。考虑到排版效果，这里采用一左一右的方式，并且全部采用图文混排。因此，图文混排的 CSS 分左右两段，分别定义为 img.pic1 和 img.pic2。.pic1 和 .pic2 都采用图文混排，不同之处在于，一个用于图像在左侧的情况，另一个用于图像在右侧的情况，可以交替使用。相关代码如下：

```
img.pic1{float:left;/* 左侧图像混排 */margin-right:10px;/* 图像右端与文字的距离 */
    margin-bottom:5px;}

img.pic2{float:right;/* 右侧图像混排 */margin-left:10px;/* 图像左端与文字的距离 */margin-
bottom:5px;}
```

(4) 调整行星名称的小标题。在图像分别处于左右两侧后，正文的文字并不需要作太大的调整，但每一小段的标题需要根据图像的位置作相应的变化。因此，行星名称的小标

题也需要定义两个 CSS 标记，分别为 p.title1 和 p.title2，而段落不用区分左右，统一定义为 p.content。相关代码如下：

> p.title1{/* 左侧标题 */text-decoration:underline; /* 下划线 */font-size:18px;
>
> 　　font-weight:bold; /* 粗体 */text-align:left; /* 左对齐 */}
>
> p.title2{/* 右侧标题 */text-decoration:underline; font-size:18px; font-weight:bold;
>
> 　　text-align:right;}
>
> p.content{/* 正文内容 */line-height:1.2em;/* 正文行间距 */margin:0px;}

从上述代码中可以看出，两段标题代码的主要不同之处在于文字的对齐方式。当图像使用 img.pic1 而位于左侧时，标题使用 p.title1 且也在左侧。同样的道理，当图像使用 img.pic2 而位于右侧时，标题使用 p.title2 且也移动到了右侧。

(5) 设置一左一右的显示效果。对于整个页面中介绍八大行星的部分，文字和图像都一一交错地使用两种不同的对齐和混排方式，分别采用两组不同的 CSS 类型标记，进而得到了一左一右的显示效果。相关代码如下：

> <p class="title1"> 水星 </p>
>
> <img src="ba1.jpg" class="pic1">
>
> <p class="content">
>
> 水星在八大行星中是最小的行星，比月球大 1/3，它同时也是最靠近太阳的行星。 水星目视星等范围从 0.4 到 5.5；水星太接近太阳，常常被猛烈的阳光淹没，所以望远镜很少能够仔细观察它。水星没有自然卫星。唯一靠近过水星的卫星是美国探测器水手 10 号，在 1974 年—1975 年探索水星时，只拍摄到大约 45% 的表面。水星是太阳系中运动最快的行星。水星的英文名字 Mercury 来自罗马神墨丘利 (赫耳墨斯)。他是罗马神话中的信使。因为水星约 88 天绕太阳一圈，所以是太阳系中公转最快的行星。符号是上面一个圆形下面一个交叉的短垂线和一个半圆形 (Unicode)，是墨丘利所拿魔杖的形状。在前 5 世纪，水星实际上被认为是两个不同的行星，这是因为它时常交替地出现在太阳的两侧。当它出现在傍晚时，它被叫作墨丘利；但是当它出现在早晨时，为了纪念太阳神阿波罗，它被称为阿波罗。毕达哥拉斯后来指出它们实际上是相同的一颗行星。</p>
>
> <p class="title2"> 金星 </p>
>
> <img src="ba2.jpg" class="pic2">
>
> <p class="content"> 金星是八大行星之一，按离太阳由近及远的次序是第二颗。它是离地球最近的行星。中国古代称之为太白或太白金星。它有时是晨星，黎明前出现在东方天空，被称为"启明"；有时是昏星，黄昏后出现在西方天空，被称为"长庚"。金星是全天中除太阳和月亮外最亮的星，亮度最大时为 -4.4 等，比著名的天狼星 (除太阳外全天最亮的恒星) 还要亮 14 倍，犹如一颗耀眼的钻石，于是古希腊人称它为阿佛洛狄忒 (Aphrodite) —— 爱与美的女神，而罗马人则称它为维纳斯 (Venus) —— 美神。金星和水星一样，是太阳系中仅有的两个没有天然卫星的大行星。因此，金星上的夜空中没有"月亮"，最亮的"星星"是地球。由于离太阳比较近，因此在金星上看太阳，太阳的大小比地球上看到的大 1.5 倍。</p>
>
> <p class="title1"> 地球 </p>
>
> <img src="ba3.jpg" class="pic1">
>
> <p class="content"> 地球是离太阳由近到远排列的第三颗行星，也是太阳系第五大行星，地球是

太阳系中密度最大的行星。地球表面的大约 29.2% 是由大陆和岛屿组成的陆地。剩余的 70.8% 被水覆盖，大部分被海洋、海湾和其他咸水体覆盖，也被湖泊、河流和其他淡水体覆盖，它们共同构成了水圈。地球的大部分极地地区都被冰覆盖。地球外层分为几个刚性构造板块，它们在数百万年的时间里在地表迁移，而其内部仍然保持活跃，有一个固体铁内核、一个产生地球磁场的液体外核，以及一个驱动板块构造的对流地幔。地球的大气主要由氮和氧组成。热带地区接收的太阳能多于极地地区，并通过大气和海洋环流重新分配。温室气体在调节地表温度方面也发挥着重要作用。一个地区的气候不仅由纬度决定，还由海拔、该地区和海洋的接近程度等因素决定。热带气旋、雷暴、热浪等恶劣天气频发于全球多地，对人们生活影响较大。</p>

　　　　<p class="title2"> 火星 </p>

　　　　<img src="ba4.jpg" class="pic2">

　　　　<p class="content">　火星 (Mars) 是八大行星之一，符号是♂。因为它在夜空中看起来是血红色的，所以在西方以希腊神话中的阿瑞斯 (或罗马神话中对应的战神玛尔斯) 命名它。在古代中国，因为它荧荧如火，故称"荧惑"。火星有两颗小型天然卫星：火卫一 Phobos 和火卫二 Deimos(阿瑞斯儿子们的名字)。两颗卫星都很小而且形状奇特，可能是被引力捕获的小行星。英文里前缀 areo- 指的就是火星。</p>

　　　　<p class="title1"> 木星 </p>

　　　　<img src="ba5.jpg" class="pic1">

　　　　<p class="content"> 木星古称岁星，是离太阳由近到远排列的第五颗行星，而且是八大行星中最大的一颗，比所有其他行星的合质量大 2 倍 (地球的 318 倍)。木星绕太阳公转的周期为 4332.589 天，约为 11.86 年。木星 (a.k.a. Jove) 希腊人称之为 宙斯 (众神之王，奥林匹斯山的统治者和罗马国的保护人，它是 Cronus(土星的儿子)。木星是天空中第四亮的物体 (次于太阳、月球和金星；有时候火星更亮一些)，早在史前木星就已被人类所知晓。根据伽利略 1610 年对木星四颗卫星，即木卫一、木卫二、木卫三和木卫四 (现常被称作伽利略卫星) 的观察，它们是不以地球为中心运转的第一个发现，也是赞同哥白尼的日心说的有关行星运动的主要依据。</p>

　　　　<p class="title2"> 土星 </p>

　　　　<img src="ba6.jpg" class="pic2">

　　　　<p class="content"> 土星古称镇星或填星 , 因为土星公转周期大约为 29.5 年，我国古代有 28 宿，土星几乎是每年在一个宿中，有镇住或填满该宿的意味，所以称为镇星或填星。它直径为 119 300 公里 (为地球的 9.5 倍)，是太阳系第二大行星。它与邻居木星十分相像，表面也是液态氢和氦的海洋，上方同样覆盖着厚厚的云层。土星上狂风肆虐，沿东西方向的风速可超过每小时 1600 公里。土星上空的云层就是这些狂风造成的，云层中含有大量的结晶氨。轨道距太阳 142 940 万千米，公转周期为 10759.5 天，相当于 29.5 个地球年，视星等为 0.67 等。在太阳系的行星中，土星的光环最惹人注目，它使土星看上去就像戴着一顶漂亮的大草帽。观测表明，构成光环的物质是碎冰块、岩石块、尘埃、颗粒等，它们排列成一系列的圆圈，绕着土星旋转。</p>

　　　　<p class="title1"> 天王星 </p>

　　　　<img src="ba7.jpg" class="pic1">

　　　　<p class="content">天王星是太阳系中离太阳第七远的行星，从直径来看，是太阳系中第三大行星。天王星的体积比海王星大，质量却比其小。天王星是由威廉•赫歇耳通过望远镜系统地搜寻，在 1781

年 3 月 13 日发现的，它是现代发现的第一颗行星。事实上，它曾经被观测到许多次，只不过当时被误认为是另一颗恒星（早在 1690 年 John Flamsteed 便已观测到它的存在，但当时却把它编为 34 Tauri）。赫歇耳把它命名为"the Georgium Sidus(天竺葵)"(乔治亚行星) 来纪念他的资助者，那个对美国人而言臭名昭著的英国国王乔治三世；其他人却称天王星为"赫歇耳"。由于其他行星的名字都取自希腊神话，因此为保持一致，由波德首先提出把它称为"乌拉诺斯 (Uranus)"(天王星)，但直到 1850 年才开始广泛使用。</p>

    <p class="title2"> 海王星 </p>

    <img src="ba8.jpg" class="pic2">

    <p class="content"> 海王星 (Neptune) 是环绕太阳运行的第八颗行星，也是太阳系中第四大天体 (直径上)。海王星在直径上小于天王星，但质量比它大。在天王星被发现后，人们注意到它的轨道与根据牛顿理论所推知的并不一致，因此科学家们预测存在着另一颗遥远的行星从而影响了天王星的轨道。伽勒和达赫特斯在 1846 年 9 月 23 日首次观察到海王星，它出现的地点非常靠近亚当斯和勒威耶根据所观察到的木星、土星和天王星的位置经过计算独立预测出的地点。一场关于谁先发现海王星和谁享有对此命名的权利的国际性争论产生于英国与法国之间 (然而，亚当斯和勒威耶个人之间并未有明显的争论)。现在将海王星的发现共同归功于他们两人。后来的观察显示，亚当斯和勒威耶计算出的轨道与海王星真实的轨道偏差相当大。如果对海王星的搜寻早几年或晚几年进行，人们将无法在他们预测的位置或其附近找到它。</p>

通过图文混排后，文字能够很好地被展示，就像在 Word 中使用图文混排一样，十分方便、美观。

五、总结评价

实训过程性评价表 (小组互评) 如表 9-2 所示。

表 9-2　实训过程性评价表

组别：_____　　组员：_____　　任务名称：制作八大行星科普网页

教 学 环 节	评 分 细 则	第　　组
课前预习	基础知识完整、正确 (10 分)	得分：_____
实施作业	1. 操作过程正确 (15 分) 2. 基本掌握操作要领 (20 分) 3. 操作结果正确 (25 分) 4. 小组分工协作完成 (10 分)	各环节得分： 1:_____ 2:_____ 3:_____ 4:_____
质量检验	1. 学习态度 (5 分) 2. 工作效率 (5 分) 3. 代码编写规范 (10 分)	1:_____ 2:_____ 3:_____
总分 (100 分)		

六、课后作业

1. 试结合给出的素材以及本任务中学习的相关内容，制作一个"活动奖励"页面，效果图如图 9-15 所示。

图 9-15 "活动奖励"页面效果图

2. 完成本实训工作页的作业。

3. 预习任务 10。

任务 10 美化"网上书店"页面的导航条

一、任务引入

列表在网页中应用广泛，除文字列表、图文列表以外，导航条、菜单栏等常见模块一般也是用列表实现的。传统的 HTML 语言提供了项目列表的基本功能，所制作的列表比较简单，要制作水平导航条、排行榜等比较美观、实用的效果就要用到 CSS。在引入 CSS后，项目列表被赋予许多新的属性，甚至超越了它最初设计时的功能。本任务首先介绍使用 CSS 设置列表样式的方法，然后通过美化"网上书店"页面中的导航条 (导航菜单)，学习使用 CSS 美化列表的方法。

二、相关知识

1. 设置列表

1) 表格布局

在表格布局时代，类似新闻列表这样的效果一般采用表格来实现，即采用多行多列的表格进行布局。其中，第 1 列放置小图标作为装饰，第 2 列放置新闻标题，如图 10-1 所示。

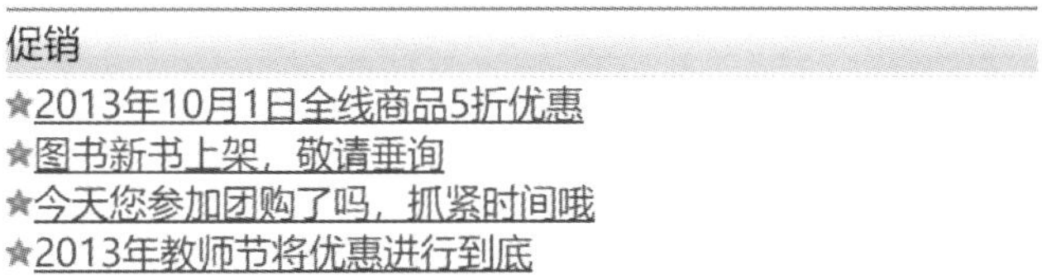

图 10-1　表格布局的新闻列表

以上表格布局的代码如下：

```
<table width="745" border="0" align="center" cellpadding="0" cellspacing="0">
  <tr><td height="30" background="images/back.jpg"> 促销 </td></tr>
  <tr><td><img src="images/star_red.gif"/><a href="#">2013 年 10 月 1 日全线商品 5 折优惠 </a></td></tr>
  <tr><td><img src="images/star_red.gif"/><a href="#"> 图书新书上架，敬请垂询 </a></td></tr>
  <tr><td><img src="images/star_red.gif"/><a href="#"> 今天您参加团购了吗，抓紧时间哦 </a></td></tr>
  <tr><td><img src="images/star_red.gif"/><a href="#">2013 年教师节将优惠进行到底 </a></td></tr>
</table>
```

这种新闻列表既有修饰图像，又有具体内容，结构比较复杂。采用 CSS 样式对整个页面布局时，列表标签的作用被充分挖掘出来。从某种意义上讲，除了描述性的文本，任何内容都可以认为是列表。

2) 列表布局

使用列表布局来实现新闻列表，不仅结构清晰，而且代码数量明显减少，如图 10-2 所示。

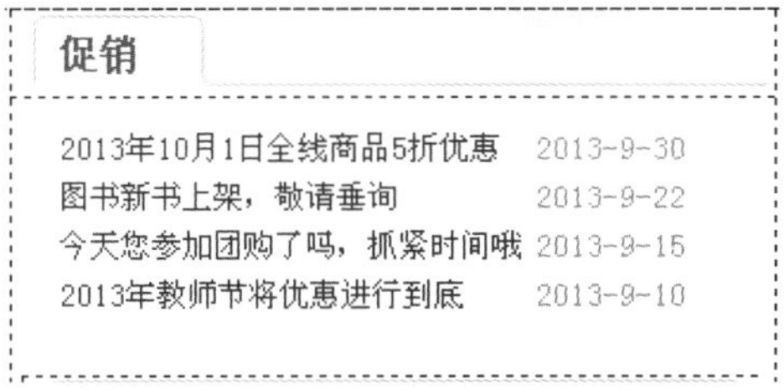

图 10-2　列表布局的新闻列表

列表布局的代码如下：

```
<div id="main_left_top">
<h3> 促销 </h3 >
<ul class="news_list">
<li><a href="#">2013 年 10 月 1 日全线商品 5 折优惠 </a><span>[2013-9-30]</span></li>
<li><a href="#"> 图书新书上架，敬请垂询 </a> <span>[2013-9-22]</span></li>
<li><a href="#" > 今天您参加团购了吗，抓时间哦 </a><span>[2013-9-15]</span></li>
<li><a href="#">2013 年教师节将优惠进行到底 </a><span>[2013-9-10]</span></li>
</ul>
</div>
```

在 CSS 样式中，主要通过 list-style-type、list-style-image 和 list-style-position 这 3 个属性改变列表修饰符的类型。

3) 设置列表类型

通常，项目列表主要采用 <ul> 或 <ol> 标签，然后配合 <li> 标签罗列各个项目。在 CSS 样式中，列表项的标志类型是通过属性 list-style-type 来修改的，无论是 <ul> 标记还是 <ol> 标记，都可以使用相同的属性值，而且效果是完全相同的。

list-style-type 属性主要用于修改列表项的标志类型。例如：在一个无序列表中，列表项的标志是出现在各列表项旁边的圆点；而在有序列表中，标志可能是字母、数字或另外某种符号。当 list-style-image 属性为 none 或指定的图像不可用时，list-style-type 属性将发生作用。list-style-type 常用的属性值如表 10-1 所示。

表 10-1   list-style-type 常用的属性值

属性值	说　　明
disc	默认值，标记是实心圆
circle	标记是空心圆
square	标记是实心正方形
decimal	标记是数字
upper-alpha	标记是大写英文字母，如 A，B，C，D，E，F，…
lower-alpha	标记是小写英文字母，如 a，b，c，d，e，f，…
upper-roman	标记是大写罗马字母，如 I，II，III，IV，V，VI，…
lower-roman	标记是小写罗马字母，如 i，ii，iii，iv，v，vi，…
none	不显示任何符号

在页面中使用列表时，要根据实际情况选用不同的修饰符，或者不选用任何一种修饰符而使用背景图像作为列表的修饰。需要注意的是，当选用背景图像作为列表修饰时，list-style-type 属性和 list-style-image 属性都要设置为 none。

例如：

```
<head>
<title> 设置列表类型 </title>
<style>
body{background-color:#ccc;}
ul{font-size:1.5em;color:#00458c;list-style-type:square;/* 标记是实心正方形 */}
li.special{list-style-type:circle;/* 标记是空心圆 */}
</style>
</head>
<body>
<h2> 图书分类 </h2>
<ul>
  <li> 人文 </li> <li> 科学 </li> <li class="special"> 教育 </li> <li> 生活 </li>
  <li> 文艺 </li>
</ul>
</body>
```

页面的显示效果如图 10-3 所示。

图 10-3　页面的显示效果 (1)

【说明】

(1) 当给 <ul> 或 <ol> 标签设置 list-style-type 属性时，在它们中间的所有 <li> 标签都采用该设置；如果对 <li> 标签单独设置 list-style-type 属性时，则仅仅作用在该项目上。例如，页面中项目为"教育"的类型变成了空心圆，但是并没有影响其他项目的类型 (实心正方形)。

(2) 需要特别注意的是，list-style-type 属性的页面显示效果与左内边距 (padding-left) 和左外边距 (margin-left) 有密切的联系。例如，在上述定义 ul 的样式中添加左内边距为 0 的规则，代码如下：

```
ul{font-size:1.5em;color:#00458c;list-style-type:square; /* 标记是实心正方形 */
padding-left:0; /* 左内边距为 0*/}
```

在 Opera 浏览器中没有显示列表修饰符，页面效果如图 10-4 所示；在 IE 浏览器中显示列表修饰符，页面效果如图 10-5 所示。

图 10-4   Opera 浏览器查看的页面效果　　图 10-5   IE 浏览器查看的页面效果

(3) 如果将示例中的"padding-left:0;"修改为"margin-left:0;",则在 Opera 浏览器中能正常显示列表修饰符,而在 IE 浏览器中不能正常显示。引起显示效果不同的原因在于,浏览器在解析列表的内外边距时产生了错误的解析方式。也正是这个原因,设计人员习惯直接使用背景图像作为列表的修饰符。

此外,可以使用背景图像代替列表修饰符。例如:

```
<head>
<title> 设置列表类型 </title>
<style>
body{background-color:#CCC;}
ul{font-size:1.5em;color:#00458C;list-style-type:none; /* 设置列表类型不显示任何符号 */}
li{padding-left:30px;background:url(images/book.gif) no-repeat left center;}
</style>
</head>
<body>
<h2> 图书分类 </h2>
<ul>
    <li> 人文 </li> <li> 科学 </li> <li> 教育 </li> <li> 生活 </li> <li> 文艺 </li>
</ul>
</body>
```

页面的显示效果如图 10-6 所示。

图 10-6   页面的显示效果 (2)

4) 设置列表项图像

除了传统的项目符号外，CSS 还提供了属性 list-style-image，可以将项目符号显示为任意图像。当 list-style-image 属性的属性值为 none 或者设置的图像路径出错时，list-style-type 属性会替代 list-style-image 属性对列表产生作用。

list-style-image 属性的属性值包括 URL(图像的路径)、none(默认值，无图像被显示) 和 inherit(从父元素继承属性，部分浏览器对此属性不支持)。

例如：

```
<head>
<title> 设置列表项图像 </title>
<style>
    body{background-color:#ccc;}
    ul{font-size:1.5em;color:#00458c;list-style-image:url(images/book.gif);    /* 设置列表项图像 */}
    .img_fault{list-style-image:url(images/fault.gif); /* 设置列表项图像错误的 URL，导致图像不能
正确显示 */}
    .img_none{list-style-image:none;/* 设置列表项图像为不显示，所以没有图像显示 */}
</style>
</head>
<body>
<h2> 图书分类 </h2>
<ul>
    <li> 人文 </li>  <li class="img_fault"> 科学 </li>  <li> 教育 </li>
    <li class="img_none"> 生活 </li>  <li> 文艺 </li>
</ul>
</body>
```

页面的显示效果如图 10-7 所示。

图 10-7　页面的显示效果 (3)

【说明】

(1) 页面预览后可以看出，当 list-style-image 属性设置为 none 或者设置的图像路径出错时，list-style-type 属性会替代 list-style-image 属性对列表产生作用。

(2) 虽然使用 list-style-image 很容易实现设置列表项图像的目的，但是也失去了一些常用特性。list-style-image 属性不能精确控制图像替换的项目符号距离文字的位置，在这个方面不如 background-image 灵活。

5) 设置列表项位置

list-style-position 属性用于设置在何处放置列表项标记，其属性值只有两个关键词：outside(外部) 和 inside(内部)。使用 outside 属性值后，列表项标记被放置在文本以外，环绕文本且不根据标记对齐；使用 inside 属性值后，列表项标记放置在文本以内，像是插入在列表项内容最前面的内联元素一样。例如：

```
<head>
<title> 设置列表项位置 </title>
<style>
  body{background-color:#ccc;}
  ul.inside {list-style-position: inside;}
  ul.outside {list-style-position: outside;}
  li {font-size:1.5em;color:#00458c;border:1px solid #00458c;}
</style>
</head>
<body>
<h2> 图书分类 </h2>
<ul class="inside">  <li> 人文 </li>  <li> 科学 </li>  <li> 教育 </li>  </ul>
<ul class="outside">  <li> 生活 </li>  <li> 文艺 </li>  </ul>
</body>
```

页面的显示效果如图 10-8 所示。

图 10-8　页面的显示效果 (4)

6) 设置图文信息列表

网页中经常可以看到图文信息列表，之所以称为图文信息列表，是因为列表的内容以图像和简短语言的形式呈现在页面中。

例 10-1　使用图文信息列表制作网络书城图书展示页面的局部信息，页面的显示效果如图 10-9 所示。

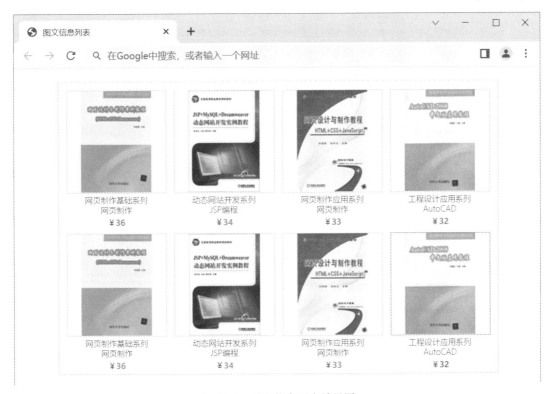

图 10-9　图文信息列表效果图

制作过程如下：

(1) 建立网页结构文件。在当前文件夹中，用记事本新建一个名为 9-1.html 的网页文件。首先建立一个简单的无序列表，插入相应的图像和文字说明。为了突出显示说明文字和商品价格的效果，采用 <strong>、<span>、<em> 和
 标签对文字进行修饰，代码如下：

```
<body>
<ul>
    <li><a href="#"><img src="images/01.jpg" width="150" height="150" /><strong> 网页制作基础系列
<br/> 网页制作 </strong> <span> ￥<em>36</em></span></a></li>
    <li><a href="#"><img src="images/02.jpg" width="150" height="150" /><strong> 动态网站开发系列
<br/>JSP 编程 </strong> <span> ￥<em>34</em></span></a></li>
    <li><a href="#"><img src="images/03.jpg" width="150" height="150" /><strong> 网页制作应用系列
<br/> 网页制作 </strong> <span> ￥<em>33</em></span></a></li>
    <li><a href="#"><img src="images/04.jpg" width="150" height="150" /><strong> 工程设计应用系列
<br/>AutoCAD</strong> <span> ￥<em>32</em></span></a></li>
    <li><a href="#"><img src="images/01.jpg" width="150" height="150" /><strong> 网页制作基础系列
<br/> 网页制作 </strong> <span> ￥<em>36</em></span></a></li>
    <li><a href="#"><img src="images/02.jpg" width="150" height="150" /><strong> 动态网站开发系列
```

```
<br/>JSP 编程 </strong> <span>￥<em>34</em></span></a></li>
    <li><a href="#"><img src="images/03.jpg" width="150" height="150" /><strong>网页制作应用系列
<br/>网页制作 </strong> <span>￥<em>33</em></span></a></li>
    <li><a href="#"><img src="images/04.jpg" width="150" height="150" /><strong>工程设计应用系列
<br/>AutoCAD </strong> <span>￥<em>32</em></span></a></li>
    </ul>
    </body>
```

（2）使用内部样式初步美化图文信息列表。图文信息列表的结构确定后，开始编写 CSS 样式规则。

① 首先定义 body 的样式，代码如下：

```
body{margin:0;padding:0;font-size:12px;}
```

② 接下来定义整个列表的样式规则。将列表的宽度和高度分别设置为 656px 和 420px，且列表在浏览器中居中显示。为了美化显示效果，需要去除默认的列表修饰符，设置内边距，增加浅色边框，代码如下：

```
ul {width:656px;height:420px;margin:20px auto 0;padding:12px 0 0 12px;
    border:1px solid #ccc;border-top-style:dotted;list-style:none;}
```

③ 为了让多个 <li> 标签横向排列，这里使用"float:left;"实现这种效果，并且增加外边距进一步美化显示效果。需要注意的是，由于设置了浮动效果，并且又增加了外边距，IE 浏览器可能会产生双倍间距的 bug，因此再增加"display:inline;"规则以解决兼容性问题，代码如下：

```
ul li {float:left;margin:0 12px 12px 0;display:inline;}
```

④ 将内联元素 <a> 标签转化为块元素使其具备宽和高的属性，并为转换后的 <a> 标签设置宽度和高度。接着设置文本居中显示，定义超出 <a> 标签定义的宽度时隐藏文字，代码如下：

```
ul li a {display:block;width:152px;height:200px;text-decoration:none;
    text-align:center;overflow:hidden;}
```

（3）使用内部样式进一步美化图文信息列表。在使用 CSS 样式初步美化图文信息列表之后，虽然页面的外观有了明显的改善，但是在显示细节上并不理想，还需要进一步美化。这里依次对列表中的 <img>、<strong>、<span> 和 <em> 标签定义样式规则，代码如下：

```
ul li a img {width:150px;height:150px;border:1px solid #CCC;}
ul li a strong {display:block;width:152px;height:30px;line-height:15px;
    font-weight:100;color:#333;overflow:hidden;}
ul li a span {display:block;width:152px;height:20px;line-height:20px;color:#666;}
ul li a span em {font-style:normal;font-weight:800;color:#F60;}
```

（4）使用内部样式设置超链接的样式。当鼠标悬停于图像列表及文字上时，未能看到超链接的样式。为了更好地展现视觉效果，引起浏览者的注意，需要添加鼠标悬停于图像列表及文字上时的样式，代码如下：

    ul li a:hover img {border-color:#F33;}

    ul li a:hover strong {color:#03C;}

    ul li a:hover span em {color:#F00;}

2. 设置导航菜单

作为一个成功的网站，导航菜单是必不可少的。导航菜单的风格往往也决定了整个网站的风格。制作导航菜单的方法可以分为制作普通的超链接导航菜单和使用列表制作导航菜单。

1) 制作普通的超链接导航菜单

普通的链接导航菜单的制作比较简单，主要采用将文字链接从"行内元素"变为"块元素"的方法来实现。

例 10-2 制作链接导航菜单。鼠标未悬停在菜单项上时的效果如图 10-10 所示，鼠标悬停在菜单项上时的效果如图 10-11 所示。

图 10-10 鼠标未悬停在菜单项上时的效果 (1)

图 10-11 鼠标悬停在菜单项上时的效果 (1)

制作过程如下：

(1) 建立网页结构文件。在当前文件夹中，用记事本新建一个网页文件。首先在 body 中建立一个包含超链接的 div 容器，在容器中建立 5 个用于实现导航菜单的文字链接，代码如下：

```
<body>
  <div id="menu">
    <a href="#"> 首页 </a>    <a href="#"> 关于 </a>
    <a href="#"> 帮助 </a>    <a href="#"> 联系 </a>
  </div>
</body>
```

(2) 设置容器的内部样式。设置菜单 div 容器的整体区域样式，即设置菜单的宽度、背景色以及文字的字体和大小，代码如下：

```
#menu {font-family:Arial;font-size:14px;font-weight:bold;width:100px;
    padding:8px;background:#cba;margin:0 auto;border:1px solid #ccc;  }
```

(3) 设置菜单项的内部样式。在设置容器的 CSS 样式之后，菜单项的排列效果并不理想，还需要进一步美化。为了使 4 个文字链接依次竖直排列，需要将它们从"行内元素"变为"块元素"。此外，还应该为它们设置背景色和内边距，以使菜单文字之间不要过于紧凑。接下来设置文字的样式，取消链接下画线，并将文字设置为深灰色。最后，建立鼠标悬停于菜单项上时的样式。相关代码如下：

```
#menu a, #menu a:visited{display:block;padding:4px 8px;color:#333;
    text-decoration:none;border-top:8px solid #69F;height:1em;}
#menu a:hover{color:#63F;border-top:8px solid #63F;}
```

2) 使用列表制作垂直导航菜单

当列表项目的 list-style-type 属性值为"none"时，制作各式各样的导航菜单便成了项目列表最大的用处之一。相对于普通的超链接导航菜单，列表模式的导航菜单能够实现更美观的效果，其中纵向列表模式的导航菜单是应用比较广泛的一种，如图 10-12 所示。

图 10-12　纵向列表模式的导航菜单

由于纵向列表模式的导航菜单的内容并没有逻辑上的先后顺序，因此可以使用无序列表制作纵向列表模式的导航菜单。

例 10-3　制作纵向列表模式的导航菜单，鼠标未悬停在菜单项上时的效果如图 10-13 所示，鼠标悬停在菜单项上时的效果如图 10-14 所示。

图 10-13　鼠标未悬停在菜单项上时的效果 (2)　　　图 10-14　鼠标悬停在菜单项上时的效果 (2)

制作过程如下：

(1) 建立网页结构文件。在当前文件夹中，用记事本新建一个网页文件。首先建立一个包含无序列表的 div 容器，列表包含 4 个选项，每个选项中包含 1 个用于实现导航菜单的文字链接，代码如下：

```
<body>
<div id="menu">
  <ul>
    <li><a href="#" class="current"> 首页 </a></li>
    <li><a href="#"> 商品促销 </a></li>
    <li><a href="#"> 新品上架 </a></li>
    <li><a href="#"> 会员注册 </a></li>
    <li><a href="#"> 关于我们 </a></li>
    <li><a href="#"> 社区风采 </a></li>
  </ul>
</div>
</body>
```

(2) 设置容器及列表的内部样式。设置菜单 div 容器的整体区域样式，即设置菜单的宽度、字体以及列表和列表选项的类型与边框样式，代码如下：

```
#menu {width:130px;border:1px solid #CCCCCC;padding:3px;
    font:12px/18px Tahoma, Arial, Helvetica, sans-serif;}
#menu * {margin:0;padding:0;}
#menu li {list-style:none;border-bottom:1px solid #FFCE88;/* 设置列表项之间的间隔线 */}
```

(3) 设置菜单项超链接的内部样式。在设置容器的 CSS 样式之后，菜单项的显示效果并不理想，还需要进一步美化。接下来设置菜单项超链接的区块显示。最后，建立未访问过的链接、访问过的链接及鼠标悬停于菜单项上时的样式。相关代码如下：

```
#menu li a {display:block;background:#FBD346 url(menu_bg.jpg) repeat-y left;
    color:#000;text-decoration:none;/* 取消超链接文字下画线效果 */
    padding:5px 5px 10px 15px;/* 设置内边距，目的是将 a 元素所在的容器扩展出一定的空间，用
```

于显示背景图像 */}

　　#menu li a:hover {background:#f7941d url(menu_h.jpg) repeat-x top;}

　　#menu li a.current, #menu li a:hover.current {background:#f7941d url(menu_h.jpg) repeat-x top;}

3) 使用列表制作水平导航条

使用 display 属性可以改变元素的显示方式，具体语法格式如下：

　　display:none|inline|block|inline-block|list-item;

其中，none 表示不显示该元素；inline 是默认值，表示将该元素转换为行内元素；block 表示将该元素转换为块元素；inline-block 表示将该元素转换为行内块元素；list-item 表示将该元素转换为列表块元素。

行内块元素默认不换行，从左至右按顺序显示。列表块元素是列表项的默认格式，如果将其他元素转换为列表块元素，即可以不使用列表标签就制作出列表的显示效果。

例如，设置列表项的显示方式使其水平显示，代码如下：

```
<head>
    <meta charset="utf-8">
    <title></title>
    <style>
                li{display: inline;padding: 10px;}
    </style>
</head>
<body>
    <p> 商品分类 </p>
    <ul>
            <li> 家用电器 </li>              <li> 手机 / 数码 </li>
            <li> 家具 / 家居 / 家装 / 厨具 </li>    <li> 男装 / 女装 / 童装 </li>
            <li> 美妆 / 清洁 </li>
    </ul>
</body>
```

列表项的水平显示方式效果如图 10-15 所示。

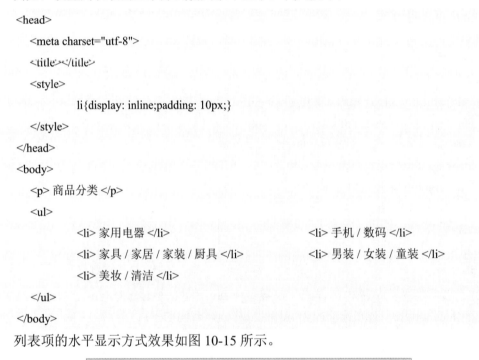

图 10-15　列表项的水平显示方式效果

注意：当使用 display 属性将列表项转换为行内元素时，浏览器将自动去除列表项的项目符号。

实际的网页制作中，常通过将列表项转换为行内元素，制作出风格独特的水平导航条。

例如，制作购物网站的水平导航条，代码如下：

```
<head>
    <meta charset="utf-8">
    <style>
        ul{margin: 0;padding: 15px;background-color:#2F4F4F;}
        li{color: #2F4F4F;font-weight: bold;padding: 10px;margin-left: 10px;
    display: inline;background:linear-gradient(#B9B9A6 5%,#F5F5DC 50%,#B9B9A6);border-
radius: 10px;}
        li:hover{background:linear-gradient(#6E793C 5%,#DCF077 50%,#6E793C);
color:#4f3636;}
    </style>
</head>
<body>
        <ul>
                <li> 首页 </li>          <li> 限时优惠 </li>          <li> 品牌特卖 </li>
                <li> 实用家电 </li>        <li> 超市生鲜 </li>
                <li> 服饰鞋帽 </li>        <li> 儿童娱乐 </li>
        </ul>
</body>
```

制作购物网站的水平导航条效果如图 10-16 所示。

图 10-16　制作购物网站的水平导航条效果

3. 使用列表制作"经典老歌"排行榜

很多音乐网站上都设有排行榜栏目，通过它可以快速找到某个分类下热度靠前的歌曲。

例 10-4　制作"经典老歌"排行榜列表，效果如图 10-17 所示。

图10-17　"经典老歌"排行榜列表效果

(1) 创建"music.html"文档，在 \<body\> 标签中输入代码，在页面中添加一个无序列表。相关代码如下：

```
<body>
    <div class="d1">
    <p> 经典老歌 </p>
    <ol class="music">
        <li><strong> 挪威的森林 </strong><span> 伍佰 </span><em>……在线试听 </em></li>
        <li><strong> 千千阙歌 </strong><span> 陈慧娴 </span><em>……在线试听 </em></li>
        <li><strong> 走过咖啡屋 </strong><span> 千百惠 </span><em>……在线试听 </em></li>
        <li><strong> 追梦人 </strong><span> 凤飞飞 </span><em>……在线试听 </em></li>
        <li><strong> 饿狼传说 </strong><span> 张学友 </span><em>……在线试听 </em></li>
        <li><strong> 雨一直下 </strong><span> 张宇 </span><em>……在线试听 </em></li>
        <li><strong> 爱如潮水 </strong><span> 张信哲 </span><em>……在线试听 </em></li>
        <li><strong> 朋友 </strong><span> 周华健 </span><em>……在线试听 </em></li>
        <li><strong> 大海 </strong><span> 张雨生 </span><em>……在线试听 </em></li>
        <li><strong> 我可以抱你吗 </strong><span> 张惠妹 </span><em>……在线试听 </em></li>
    </ol>
    </div>
</body>
```

(2) 在头部标签中添加 \<style\> 标签，并输入代码，设置列表样式。相关代码如下：

```
.d1{width: 300px;height: 380px;border: solid #758898;}
p{margin: 0;padding:2px;text-indent: 1em;font-size: 1.5em;
    color: #373F47;border-bottom: #758898 dotted 2px;
    background-color: #CBD5DC;}
.music{margin:0px 0px 0px 20px;padding: 10px;}
li{margin-top: 10px;}
li span{margin-left: 10px;font-style: italic;color: #9E9E9E;}
strong:hover{color: #585858;text-decoration: underline;}
em{font-size: 0.9em;float: right;text-decoration: underline;}
```

三、资源准备

1. 教学设备与工具

(1) 电脑 (每人一台)；

(2) U 盘、相关的软件 (Adobe Dreamweaver CS6 或 HBuilder)。

2. 职位分工

职位分工表如表 10-2 所示。

表 10-2 职位分工表

职 位	小组成员(姓名)	工 作 分 工	备 注
组长 A			
组员 B			小组角色由组长进行统一安排。下一个项目角色职位互换,以提升综合职业能力
组员 C			
组员 D			
组员 E			

四、实践操作——美化"网上书店"页面的导航条

1. 任务引入、效果图展示

通过具体实例进一步讲解 CSS 美化导航条的方法,并把该方法运用到实际的网站制作中。这里以介绍网上书店为例,充分利用 CSS 美化横向导航条的方法实现页面效果。"网上书店"页面的导航条效果如图 10-18 所示。

案例 10 美化"网上书店"页面的导航条

图 10-18 "网上书店"页面的导航条效果

2. 任务分析

分析"网上书店"页面的构成元素,并将其拆解为几个部分,然后分析各部分使用了哪些 HTML5 标记及应用了哪些 CSS 样式。

"网上书店"页面主要是通过 ul 无序列表制作导航条,为了实现列表项的横向排列,在 CSS 中将 ul 中的 li 设置为向左浮动,并设置一定的外边距和内边距,调节列表之间的距离。

3. 任务实现

(1) 打开配套素材 HTML 文档。在编辑器中打开"任务 10"→"素材"→"main.html"和"main.css"文档。

(2) 设置整体样式。在样式文档中添加以下代码,设置整体样式。

```
body,nav,ul{margin: 0 ;padding: 0;}
body{background: #E5EDE2;}
nav{background-color:#9194B5 ;height:50px;}
.menu{margin:0 auto;width:900px;height:50px;}
```

(3) 设置列表项样式。继续在样式文档中的 ul li{...} 内添加以下代码，设置列表项的样式。

```
ul li{
    font-size: 1.2em;
    font-weight: bold;
    float: left;
    margin:18px 25px 0 0;
    padding-left:3px ;
    color: #FFFFFF;
    list-style: none;
    text-shadow:2px 0 3px #66687F;
}
```

(4) 调整第一个列表项的位置。继续在样式文档中的 #nav_n{...} 内添加以下代码，调整第一个列表项的位置。

```
#nav_n{font-size: 1.8em;margin-right: 30px;margin-top: 10px;}
```

(5) 设置鼠标指针移动至列表项上时的样式。继续在样式文档中添加以下代码，设置鼠标指针移动至列表项上时的样式。

```
ul li:hover{color:#F5F5F5;text-shadow:1px 0px 2px #F7F7F7;}
```

五、总结评价

实训过程性评价表 (小组互评) 如表 10-3 所示。

表 10-3　实训过程性评价表

组别：＿＿＿＿＿＿　　组员：＿＿＿＿＿＿＿＿＿　　任务名称：＿美化"网上书店"页面的导航条＿

教 学 环 节	评 分 细 则	第　　组
课前预习	基础知识完整、正确 (10 分)	得分：
实施作业	1. 操作过程正确 (15 分) 2. 基本掌握操作要领 (20 分) 3. 操作结果正确 (25 分) 4. 小组分工协作完成 (10 分)	各环节得分： 1:＿＿＿＿＿ 2:＿＿＿＿＿ 3:＿＿＿＿＿ 4:＿＿＿＿＿
质量检验	1. 学习态度 (5 分)	1:＿＿＿＿＿
	2. 工作效率 (5 分)	2:＿＿＿＿＿
	3. 代码编写规范 (10 分)	3:＿＿＿＿＿
总分 (100 分)		

六、课后作业

1. 试结合给出的素材以及本任务学习的 CSS 方面的内容，制作"新闻列表"，页面效果如图 10-19 所示。

图 10-19　制作"新闻列表"页面效果

2. 完成本实训工作页的作业。

3. 预习任务 11。

任务 11　为"网上书店"页面添加超链接

一、任务引入

用户能够使用电脑或手机穿梭在各个网页之间，都是通过超链接来实现的。超链接相当于各个网页之间的桥梁，使用它可以从一个网页跳转到另一个网页。本任务将介绍在 HTML 中应用超链接，然后为"网上书店"页面添加超链接。

二、相关知识

超链接像文本和图像一样，是组成网页的基本元素。

1. URL

1) URL 的格式

超链接是通过引用目标地址链接到某个目标的，这就要用到 URL。URL(Uniform Resource Locator) 即统一资源定位器，用于指定资源的地址，每个文档在互联网上都有唯一的地址。

URL 一般由 3 部分组成，分别为通信协议、存有目标资源的主机域名和目标资源的路径，如图 11-1 所示。

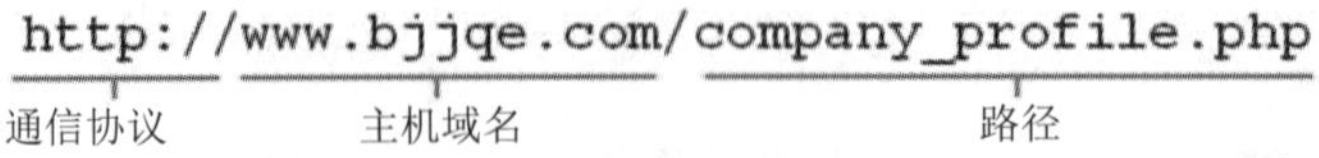

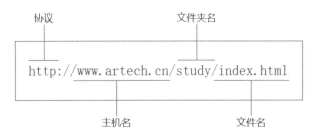

图 11-1　统一资源定位器的组成

其中，通信协议指明目标资源的类型；主机域名一般用于引用外部网站，如百度的域名为"baidu.com"；路径就是它的具体位置，可以使用相对路径或绝对路径。

通信协议一般有以下几种：

(1) http://，用于从服务器传输超文本到本地浏览器的超文本传输通信协议。

(2) ftp://，用于从服务器复制文件或从本地计算机上传文件的文件传输通信协议。

(3) maillo:，表示目标资源是电子邮件。

有时，URL 又由 4 部分组成：协议、主机名、文件夹名和文件名 (如图 11-2 所示)。互联网的应用种类繁多，网页只是其中之一。

```
协议                    文件夹名

      http://www.artech.cn/study/index.html

        主机名                  文件名
```

图 11-2　URL 的格式

其中，协议是用来标示应用的种类的。通常，通过浏览器浏览网页的协议都是 HTTP (Hyper Text Transfer Protocol，超文本传输协议)，因此网页的地址都以 http:// 开头。www.artech. cn 为主机名，表示文件存在于哪台服务器上。主机名可以通过 IP(Internet Protocol，互联网协议) 地址或者域名来表示。确定主机名以后，还需要说明文件存在于这台服务器的哪个文件夹中。这里，文件夹可以分为多个层级。最后就是确定目标文件的文件名，网页文件通常以 .htm 或者 .html 为扩展名。

注意：在同一个站点内使用相对路径引用资源文件时，不用指明通信协议。当引用外部文件时，需要同时指明通信协议与网站地址。例如，在超链接中引用百度首页时，地址必须写为"http://www.baidu.com"，如写为"www.baidu.com"将无法访问。

2) URL 的类型

前面已经介绍了路径的概念。对于超链接来说，路径的概念同样存在。读者如果对路径这个概念还不熟悉，请复习相关知识。

超链接的 URL 可以分为两种类型：外部 URL 和内部 URL。

外部 URL 就是图 11-2 所示的那样，包含文件的所有信息，就像我们在浏览器中访问一个网站中的某个页面时所需的网址。

内部 URL 指向相对于原文件的同一网站或者同一文件夹中的文件。内部 URL 通常仅包含文件夹名和文件名，有时甚至仅有文件名。内部 URL 又可以分为以下两种：

(1) 相对于文件的 URL。这种 URL 以链接的原文件为起点。

(2) 相对于网站根目录的 URL。这种 URL 以网站的根目录为起点。

例如：

```
<head>
<title> 超链接 </title>
</head>
<body>
单击 <a href= "http://www.artech.cn/01.html"> 链接 01</a> 链接到第 1 个网页。
单击 <a href="/02.html"> 链接 02</a> 链接接到第 2 个网页。
单击 <a href="../sub/03.html"> 链接 03</a> 链接到第 3 个网页。
</body>
```

其中，第 1 个超链接使用的是外部 URL；第 2 个超链接使用的是相对于网站根目录的 URL，也就是链接到了原文件所在网站的根目录下的 02.html；第 3 个超链接使用的是相对于文件 (即原文件所在文件夹的父文件夹下面的 sub 文件夹中的 03.html 文件) 的 URL。

2. 普通链接与内容块链接

1) 普通链接

在 HTML 中，使用 <a> 标签添加超链接，具体语法格式如下：

`<a href=" 目标地址 "> 载体 </a>`

其中，href 表示目标资源的引用地址，属性值为 URL 或相对路径。<a> 标签必须设置 href 属性，如果没有指向的目标资源，可使用 "#" 作为属性值，表示指向当前页面的空链接。<a> 标签还有一个常用的属性 target，表示打开目标资源的方式；属性值 "_self" 是默认值，表示在当前标签页中加载目标资源；"_blank" 表示在新的标签页中加载目标资源。

`<a href=" 目标地址 " target=" 目标窗口的弹出方式 "> 载体 </a>`

在默认情况下，当单击链接时，目标页面还是在同一个窗口中显示。如果要在单击某个链接以后打开一个新的浏览器窗口，并在这个新窗口中显示目标页面，就需要在 <a> 标记中设置 target 属性。将 target 属性设置为 "_blank"，就会自动打开一个新窗口来显示目标页面。例如：

```
<head>
<title> 以新窗口方式打开 </title>
</head>
<body>
以 <a href="1.html"target=" blank"> 新窗口 </a> 方式打一个网页
</body>
```

2) 内容块链接

<a> 标签中的载体可以是文本、图像或内容块等，但不能是其他链接、音频、视频等交互式内容。内容块链接在移动页面中应用较多，便于触摸交互。例如：

```
<body>
<a href="http://www.baidu.com" target="_blank">
<img src="images/p1.jpg" width="200px" /><p> 百度一下，你就知道 ( 百度首页 )</p></a>
</body>
```

内容块链接的页面效果如图 11-3 所示。

图 11-3　内容块链接的页面效果

3. 图像链接与下载链接

1) 图像链接

除了链接到网页，<a> 标签还可以链接到图像，这种链接称为图像链接。鼠标单击图像链接后，可在浏览器中全屏查看所链接的图像文件。例如：

```
<head>
<title> 图像的超链接 </title>
</head>
<body>
<a href=1.html><img src=pic.jpg></a><br> 单击该图像放大
</body>
```

2) 下载链接

除了链接到网页和图像，超链接还可以链接到文档、邮件地址、应用程序等。

当链接的文件不能被浏览器解析时，如压缩文件，则单击超链接后将直接下载链接的文件至本地计算机中，这种链接就是下载链接。对于能够被浏览器解析和识别的文件，如 ".jpg"".png"".gif"".txt" 等，也可以使用 HTML5 新增属性 download 强制浏览器执行下载操作。download 属性值可以为下载文件的名称，也可以省略。例如：

```
<body>
    <a href="images/p2.jpg"><img src="images/p2.jpg" width="150px" alt=" 松鼠 " /><p> 在线预览
</p></a>
    <a href="images/p2.jpg" download=" 松鼠 "> 下载图片 </a>
    <a href="images/test.rar"> 下载压缩包 </a>
</body>
```

下载链接的页面效果 (火狐浏览器) 如图 11-4 所示。

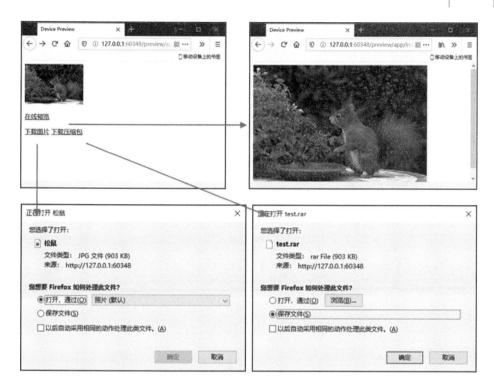

图 11-4 下载链接的页面效果 (火狐浏览器)

4. 锚点链接

锚点链接 (书签链接) 是指向同一页面或其他页面中特定元素的链接。

在浏览页面时，如果页面篇幅很长，要不断地拖动滚动条，给浏览带来不便。要是浏览者既可以从头阅读到尾，又可以很快寻找到自己感兴趣的特定内容进行部分阅读，这时就可以通过锚点链接来实现。当浏览者单击页面上的某一"标签"时，就能自动跳到网页相应的位置进行阅读，给浏览者带来方便。

书签就是用 <a> 标签对网页元素做一个记号，其功能类似于用来固定船的锚，所以书签也称错记或锚点。如果页面中有多个书签链接，对不同目标元素要设置不同的书签名。

在网页中添加锚点链接需要执行以下两步操作。

1) 创建锚点 (书签)

锚点就是锚点链接所指向的元素位置。为元素设置了 id 属性后，其属性值即可作为该元素的锚点。语法格式如下：

<a id="记号名">目标文本附近的内容 </a>

2) 添加链接

由于创建的锚点可以实现指向页面内和页面间的跳转，因此下面分两种情况来说明。

(1) 指向页面内书签的链接。要在当前页面内实现书签链接，除了第 1 步中创建的书签外，还需要定义一个超链接标签。超链接标签的语法格式如下：

<a href="# 记号名 "> 热点文本 </a>

单击"热点文本"，将跳转到"记号名"开始的网页元素。

例如，制作指向页面内书签的链接，在页面下方的"关于书城"文本前定义一个书签"about"，当单击网络书城顶部的"关于书城"链接时，将跳转到页面下方的关于书城位置处，代码如下：

```
<head>
<title> 指向页面内书签的链接 </title>
</head>
<body>
  <img src="images/logo.jpg">
  <a href="register.html">[ 免费注册 ]</a>
  <a href="login.html">[ 会员登录 ]</a>  <a href="#about">[ 关于书城 ]</a>
  <p> 省略的其他内容……</p>  <p> 省略的其他内容……</p>
  <p> 省略的其他内容……</p>  <p> 省略的其他内容……</p>
  <p> 省略的其他内容……</p>  <a id="about"></a><p>     网络书城是全
国最大的综合性中文网上购物书城，由国内著名出版机构、创业基金共同投资成立。书城在库图书近
100 万种，注册用户遍及全国 32 个省、自治区和直辖市，每天有上万人在书城浏览购物。书城凭
借优质的产品和良好的服务，赢得了众多的荣誉。</p>
</body>
```

指向页面内书签的链接效果如图 11-5 所示。

图 11-5　指向页面内书签的链接效果

(2) 指向其他页面书签的链接。书签链接还可以在不同页面间进行链接。当单击书签链接标题时，页面会根据链接中的 href 属性所指定的地址，将网页跳转到目标地址中书签名称所表示的内容。要在其他页面内实现书签链接，除了第 1 步中创建的书签，还需要定义一个当前页面的超链接标签，链接到其他页面的书签。当前页面的超链接标签的语法格式如下：

<a href="目标文件名 .html# 记号名"> 热点文本 </a>

即单击"热点文本"，将跳转到目标页面"记号名"开始的网页元素。

例如，制作指向其他页面书签的链接，在页面 info.html 的"关于书城"文本前定义一个书签"about"，当单击当前页面中的"关于书城"链接时，将跳转到页面 info.html 中关于书城位置处。

当前页面代码如下：

```
<head>
<title> 指向其他页面书签的链接 </title>
```

```
</head>
<body>
    <img src="images/logo.jpg">
    <a href="register.html">[ 免费注册 ]</a>　<a href="login.html">[ 会员登录 ]</a>
    <a href="info.html#about">[ 关于书城 ]</a>
</body>
```

跳转页面 info.html 的代码如下：

```
<head>
<title> 跳转页面 </title>
</head>
<body>
    <h1 align="center"> 关于书城 </h1>
    <p> 省略的其他内容……</p>　<p> 省略的其他内容……</p>
    <p> 省略的其他内容……</p>　<p> 省略的其他内容……</p>
    <p> 省略的其他内容……</p>　<a id="about"></a><p>     网络书城是全
国最大的综合性中文网上购物书城，由国内著名出版机构、创业基金共同投资成立。书城在库图书近
100 万种，注册用户遍及全国 32 个省、自治区和直辖市，每天有上万人在书城浏览购物。书城凭借优
质的产品和良好的服务，赢得了众多的荣誉。</p>
</body>
```

指向其他页面书签的链接效果和跳转页面效果如图 11-6 所示。

图 11-6　指向其他页面书签的链接效果和跳转页面效果

例 11-1　制作分类相册，页面效果如图 11-7 所示。

图 11-7　分类相册的页面效果

制作分类相册的过程如下：

(1) 创建 HTML5 文档，在 <body> 标签中输入以下代码，构建分类相册的结构。

<body>

<h1> 分类相册：<a href="#m1"> 动物 </a> <a href="#m2"> 植物 </a>
<a href="#m3"> 风景 </a></h1>

<h1 id="m1"> 动物 </h1>

<img src="images/p2.jpg" /><img src="images/p3.jpg" /><img src="images/p4.jpg" />

<img src="images/p5.jpg" /><img src="images/p6.jpg" /><img src="images/p7.jpg" />

<h1 id="m2"> 植物 </h1>

<img src="images/a2.jpg" /><img src="images/a3.jpg" /><img src="images/a4.jpg" />

<img src="images/a5.jpg" /><img src="images/a6.jpg" /><img src="images/a7.jpg" />

<h1 id="m3"> 风景 </h1>

<img src="images/b2.jpg" /><img src="images/b3.jpg" /><img src="images/b4.jpg" />

<img src="images/b5.jpg" /><img src="images/b6.jpg" /><img src="images/b7.jpg" />

</body>

(2) 在 <head> 标签中添加 <style> 标签，并输入以下代码，设置图像元素的宽度与高度。

img{width: 500px;height:300px;}

5. 电子邮件链接

使用电子邮件链接可以打开客户端浏览器默认的电子邮件应用程序，收件人的邮件地址由电子邮件链接指定，无须手动输入。电子邮件链接的 href 属性值为 "mailto: 电子邮件地址 ?subject= 邮件主题"，如 mailto:test@163.com?subject=suggest。其中，subject 表示邮件主题，可以省略。例如：

<body>

<a href="mailto:123456@163.com?subject=suggest"> 发送反馈意见 </a>

</body>

例 11-2　制作网络书城服务指南和网络书城购物向导及下载的页面，在浏览器中显示的效果如图 11-8 和图 11-9 所示。

图 11-8　网络书城服务指南页面效果

图 11-9　网络书城购物向导及下载的页面效果

制作过程如下：

(1) 输入网络书城购物向导页面代码：

```
<head>
<title> 网络书城购物向导 </title>
</head>
<body>
    <h2><a name="top"> 购物向导 </a></h2>
    <a href="#" target="_blank">1、注册个人账户成为商城会员 </a><br/>
    <a href="#">2、登录商城 </a><br/>
    <a href="#">3、选购商品 </a><br/>
    <a href="#">4、提交订单 </a><br/>
    <a href="guide.html">5、服务指南 </a><br/>
    <hr>
    <h2> 请下载购物向导电子文档 </h2>
    下载：<a href="guide.rar"> 购物向导 </a> <br/><br/>
    和我联系 :<a href="mailto:bookcity@163.com"> 网络书城客服中心 </a>  
<a href="#top"> 返回页顶 </a>
</body>
```

(2) 输入服务指南页面代码：

```
<head>
<title> 网络书城服务指南 </title>
</head>
<body>
    <h1 align="center"> 服务指南 </h1>              <!-- 一级标题 -->
    <hr />                                        <!-- 水平分隔线 -->
    <h2> 卖家发货后一直没有收到货怎么办 ?</h2>
    <p>     请问如果卖家已经标记为发货，但是我一直没有收到货怎么办
```

啊？</p>

　　　　<h2> 解决方法 </h2>　　　　　　　　　<!-- 二级标题 -->

　　　　<p align="left">　　　　　　　　　　　<!-- 段落左对齐 -->

　　　 方案 1：在卖家已经操作发货后，一直未收到货的，可能由于活动量大造成物流延误，建议您进入"我的订单"页面找到对应交易点击"查看物流"，关注您商品的运输流转记录。

　　　<!-- 换行 -->

　　　 方案 2：如交易即将超时打款前您还未收到商品，避免出现钱货都不在您手中的情况，建议及时进入"我的订单"页面找到对应交易点击"退货 / 退款"。

　　　　</p>

　　　</body>

6. 图像热点链接

　　图像热点链接是指在图像上创建多个热点区域，并分别为这些区域设置不同的超链接，鼠标单击热点区域后可跳转到不同的目标文件。使用这种方法可以为图像的局部区域设置链接，或根据需要为一个图像设置多个链接。

　　制作图像热点链接一般需要以下三步操作：

　　(1) 在页面中添加一个图像文件。需要注意的是，要为 <img /> 标签设置 usemap 属性，属性值为图像热点链接作用区域的名称。

　　(2) 在 <img /> 标签下方添加 <map> 标签，表示添加图像热点链接的作用区域。该标签需设置 id 属性 (有的浏览器需设置 name 属性，为了兼容各个浏览器有时需同时设置这两个属性)，属性值为对应 <img /> 标签的 usemap 属性值。

　　(3) 在 <map> 标签中添加 <area> 标签，设置图像映射的热点区域。该标签一般包含表示替换文本的 alt 属性，表示具体坐标值的 coords 属性，表示链接地址的 href 属性，表示区域形状的 shape 属性，表示打开超链接方式的 target 属性。

　　制作图像热点链接的重点是设置 <area> 标签。直接设置坐标属性值不仅耗费时间也不够精准，此时可以使用 DW 提供的可视化工具自动生成准确的坐标代码。

　　例 11-3　使用 DW 快速制作图像热点链接，页面效果如图 11-10 所示。

图 11-10　图像热点链接的页面效果

制作过程如下：

(1) 在 DW 中打开本书配套素材"项目 5"→"foodmap.html"文档。该文档中只有一个图像，此时页面效果如图 11-11 所示。

图 11-11　"foodmap.html"页面效果

(2) 选中第 8 行代码，按"Ctrl+F3"组合键打开"属性"面板，如图 11-12 所示。使用该面板可为图像添加热点区域，并为这些区域设置链接。

图 11-12　"属性"面板

(3) 在 DW 界面上方单击"实时视图"右侧的实心三角按钮,在展开的列表中选择"设计"选项，切换到"设计"模式，如图 11-13 所示。

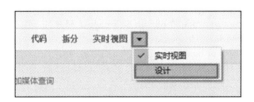

图 11-13　切换到"设计"模式

(4) 单击"属性"面板左下角的矩形热点工具 ，在图像上按下鼠标并拖动绘制矩形热点区域,绘制完成后代码自动同步,如图 11-14 所示。

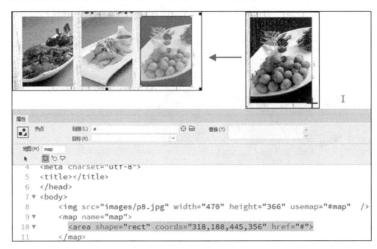

图 11-14 绘制矩形热点区域

(5) 使用同样方法为左侧的两道菜绘制两个矩形热点区域。

(6) 单击"属性"面板左下角的圆形热点工具 ,在图像上绘制 3 个圆形热点区域,如图 11-15 所示。

图 11-15 绘制圆形热点区域

(7) 代码自动生成完毕,其中 <area> 标签的 href 属性值默认为"#"(空链接),相关代码如下:

```
<img src="images/p8.jpg" width="470" height="366" usemap="#map"/>
<map name="map">
    <area shape="rect" coords="318,188,445,356" href="images/ 豹子金钱蛋 .jpg">
    <area shape="rect" coords="171,190,298,357" href="images/ 白灼羊肚 .jpg">
    <area shape="rect" coords="26,190,151,357" href="images/ 豆酥蹄筋 .jpg">
    <area shape="circle" coords="381,76,62" href="images/ 北八宝 .jpg">
    <area shape="circle" coords="234,75,62" href="images/ 白火石氽汤 .jpg">
    <area shape="circle" coords="88,77,63" href="images/ 菠萝油条虾 .jpg">
</map>
```

(8) 根据 images 文件夹中的图像文件及其名称,补全第一个矩形热点区域的 href 属性值,修改代码如下:

```
<area shape="rect" coords="318,188,445,356" href="images/ 豹子金钱蛋 .jpg">
```

(9) 参照步骤 8 补全剩余热点区域的 href 属性值,为各个热点区域设置图像链接,最终页面效果如图 11-10 所示。

三、资源准备

1. 教学设备与工具

(1) 电脑 (每人一台)；

(2) U 盘、相关的软件 (Adobe Dreamweaver CS6 或 HBuilder)。

2. 职位分工

职位分工表如表 11-1 所示。

表 11-1　职位分工表

职　位	小组成员 (姓名)	工　作　分　工	备　注
组长 A			小组角色由组长进行统一安排。下一个项目角色职位互换，以提升综合职业能力
学员 B			
学员 C			
学员 D			
学员 E			

四、实践操作 —— 为 "网上书店" 页面添加超链接

1. 任务引入、效果图展示

本任务实施制作 "网上书店" 页面的 "重磅推荐" 区域，并通过为其中的图像与文本设置超链接，练习超链接在实际网页制作中的应用，效果图如图 11-16 所示。

案例 11　为 "网上书店" 页面添加超链接

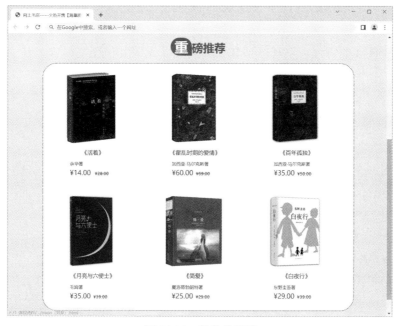

图 11-16　任务效果图

2. 任务分析

分析"网上书店"页面的"重磅推荐"区域的构成元素，并将其拆解为几个部分，然后分析各部分使用了哪些 HTML5 标记及属性。

本页面主要通过 `<li>` 标记将不同书籍的图片及价格等内容分块，并在书籍图片和书名段落的前后添加 `<a>` 标记，以实现超链接的跳转。

3. 任务实现

(1) 打开配套素材 HTML 文档。在编辑器中打开本任务配套素材"任务 11"→"素材"→"main.html"文档。

(2) 制作"重磅推荐"区域第一本图书的简介内容。在 `<div id = "main_bt"></div>` 标签中输入以下代码：

```
<ul id="zbtj">
    <li>  <img src="images/p1.jpg" />    <p>《活着》</p>        <p> 余华著 </p>
            <p><span>&yen;14.00</span>  <del>&yen;28.00</del></p>
    </li>
</ul>
```

(3) 在"重磅推荐"区域的第一个列表项中添加超链接，完善第一本图书的简介内容。代码如下：

```
<li>        <a href="book_detail.html" target="_blank">
            <img src="images/p1.jpg" />
            <p>《活着》</p>            </a>
            <p> 余华著 </p>
            <p><span>&yen;14.00</span>  <del>&yen;28.00</del></p>
</li>
```

(4) 按照步骤 3 的方法，继续添加其余列表项，设置其他图书内容。其中，超链接的目标地址设置为"#"。代码如下：

```
<li>        <a href="#" target="_blank"><img src="images/b_hlsqdaq.jpg" />
    <p>《霍乱时期的爱情》</p>                </a>
    <p> 加西亚·马尔克斯著 </p>
    <p><span>&yen;60.00</span>  <del>&yen;69.00</del></p>
</li>
<li>        <a href="#" target="_blank"><img src="images/b_bngd.jpg" />
    <p>《百年孤独》</p>                </a>
    <p> 加西亚·马尔克斯著 </p>
    <p><span>&yen;35.00</span>  <del>&yen;50.00</del></p>
</li>
<li>        <a href="#" target="_blank"><img src="images/b_ylylbs.jpg" />
```

```
                <p>《月亮与六便士》</p>                    </a>
                <p> 毛姆著 </p>
                <p><span>&yen;35.00</span>  <del>&yen;39.00</del></p>
        </li>
        <li>          <a href="#" target="_blank"><img src="images/b_jianai.jpg" />
                <p>《简爱》</p>                    </a>
                <p> 夏洛蒂勃朗特著 </p>
                <p><span>&yen;25.00</span>  <del>&yen;29.00</del></p>
        </li>
        <li>  <a href="#" target="_blank">          <img src="images/b_byx.jpg" />
                <p>《白夜行》</p>                    </a>
                <p> 东野圭吾著 </p>
                <p><span>&yen;29.00</span>  <del>&yen;39.00</del></p>
        </li>
```

五、总结评价

实训过程性评价表 (小组互评) 如表 11-2 所示。

表 11-2   实训过程性评价表

组别：＿＿＿＿＿＿＿＿＿   组员：＿＿＿＿＿＿＿＿＿   任务名称：为"网上书店"页面添加超链接

教 学 环 节	评 分 细 则	第　　　组
课前预习	基础知识完整、正确 (10 分)	得分：＿＿＿＿＿＿＿＿
实施作业	1. 操作过程正确 (15 分) 2. 基本掌握操作要领 (20 分) 3. 操作结果正确 (25 分) 4. 小组分工协作完成 (10 分)	各环节得分： 1：＿＿＿＿＿＿＿＿ 2：＿＿＿＿＿＿＿＿ 3：＿＿＿＿＿＿＿＿ 4：＿＿＿＿＿＿＿＿
质量检验	1. 学习态度 (5 分) 2. 工作效率 (5 分) 3. 代码编写规范 (10 分)	1：＿＿＿＿＿＿＿＿ 2：＿＿＿＿＿＿＿＿ 3：＿＿＿＿＿＿＿＿
总分 (100 分)		

六、课后作业

1. 使用锚点链接和电子邮件链接制作如图 11-17 所示的网页。

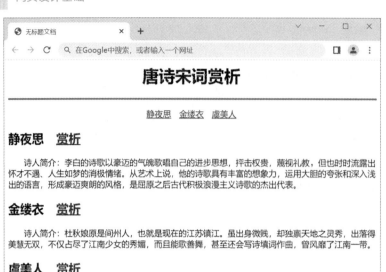

图 11-17　网页效果图

2. 完成本实训工作页的作业。

3. 预习任务 12。

任务 12　美化"网上书店"页面中的超链接

一、任务引入

前面介绍了在 HTML 中应用超链接，以及为"网上书店"页面添加超链接。本任务通过美化"网上书店"页面的导航条和"重磅推荐"区域，练习设置超链接基本样式的方法。

二、相关知识

1. 设置链接

超链接是网页上最常见的元素之一，通过超链接能够实现页面的跳转、功能的激活等。超链接也是用户使用最多的元素之一。任务 11 介绍了超链接的基本结构，这里介绍超链接的各种效果，包括超链接的各种状态、伪类、按钮特效等。

在浏览器默认的浏览方式下，超链接统一为蓝色并带有下画线。被单击过的超链接为紫色，也有下画线，如图 12-1 所示。

图 12-1 普通超链接效果

显然，这种传统的超链接样式无法满足广大用户的需求。通过 CSS 可以设置超链接的各种属性，包括字体、颜色、背景等，而且通过伪类别还可以制作很多动态效果。这里用最简单的方法去掉超链接的下画线，代码如下：

a{/* 超链接的样式 * /text-decoration:none;   /* 去掉下画线 */}

没有下画线的超链接效果如图 12-2 所示。无论是超链接本身，还是单击过的超链接，它们的下画线都被去掉了。除颜色以外，它们与普通的文字没有多大区别。

图 12-2 没有下画线的超链接效果

仅通过设置 <a> 标记的样式来改变超链接并没有太多动态的效果。下面介绍利用 CSS 的伪类 (Anchor Pseudo Classes) 制作动态效果的方法，具体属性如表 12-1 所示。

表 12-1 可制作动态效果的 CSS 伪类属性

属　　性	说　　　明
a:link	超链接的普通样式，即正常浏览状态的样式
a:visited	被单击过的超链接的样式
a:hover	鼠标指针经过超链接时的样式
a:active	在超链接上单击时，即"当前激活"时超链接的样式

例如：

<head>

<meta http-equiv="Content-Type" content="text/html; charset=utf-8" />

<title> 超链接各个状态的样式 </title>

<style>

body{background-color:#99CCFF;}

```
a{font-size:14px;font-family:Arial, Helvetica, sans-serif;}
a:link{                                    /* 超链接正常状态下的样式 */
    color:red;                 /* 红色 */
    text-decoration:none;      /* 无下画线 */}
a:visited{                     /* 访问过的超链接 */
    color:black;               /* 黑色 */
    text-decoration:none;      /* 无下画线 */}
a:hover{                       /* 鼠标指针经过时的超链接 */
    color:yellow;              /* 黄色 */
    text-decoration:underline; /* 下画线 */
    background-color:blue;}
</style>
</head>
<body>
<a href="home.htm">Home</a>    <a href="east.htm">East</a>
<a href="west.htm">West</a>    <a href="north.htm">North</a>
<a href="south.htm">South</a>
</body>
```

超链接的各种状态效果如图 12-3 所示。从网页效果可以看出，超链接本身变成了红色且没有下画线，而被单击过的超链接变成了黑色，同样没有下画线。当鼠标指针经过时，超链接则变成了黄色且出现了下画线。

图 12-3 超链接的各种状态效果

从上述代码中可以看出，每一个被链接的元素都可以通过 4 种伪类设置 4 种状态的 CSS 样式。注意以下几点：

(1) 除上面代码中涉及的与文字相关的 CSS 样式以外，其他各种背景、边框和排版的 CSS 样式都可以随意加入超链接的几个伪类的样式规则中，从而得到各式各样的超链接效果。

(2) 当前激活状态 a:active 一般被显示的情况较少，因此很少使用。因为在用户单击一个超链接之后，关注的焦点很容易就从这个超链接上转移至其他地方，例如新打开的窗口等，此时该超链接就不再是"当前激活"状态了。

(3) 在设置一个 a 元素的 4 种伪类时要注意顺序，即按照 a:link、a:visited、a:hover、

a:active 的顺序进行设置。一个帮助记忆的口诀是"LoVe HaTe"。

(4) 伪类的冒号前面的选择器之间不要有空格，要连续书写。例如，a.classname:hover 表示类别为 .classname 的 a 元素在鼠标指针经过时的样式。

下面通过设置文字链接、设置图文链接和设置按钮链接，演示如何使用 CSS 让原本普通的超链接样式实现丰富多彩的效果。

1) 设置文字链接

伪类中通过 :link、:visited、:hover 和 :active 来控制链接内容访问前、访问后、鼠标悬停时以及用户激活时的样式。需要说明的是，这 4 种状态的顺序不能颠倒，否则会导致伪类样式不能实现。并且，这 4 种状态并不是每次都要用到，一般情况下只需要定义链接标签的样式以及 :hover 伪类样式即可。

下面通过一个简单的示例来理解如何使用 CSS 设置文字链接的外观。

例 12-1 改变文字链接的外观，当鼠标未悬停时文字链接的效果如图 12-4 所示，鼠标悬停时文字链接的效果如图 12-5 所示。

图 12-4 鼠标未悬停时文字链接的效果　　图 12-5 鼠标悬停时文字链接的效果

代码如下：

```
<head>
<meta charset="utf-8"/>
<title></title>
<style type="text/css">
    .nav a {padding:8px 15px;text-decoration:none;}
    .nav a:hover {color:#f00; font-size:20px; text-decoration:underline;}
</style>
</head>
<body>
<div class="nav">
    <a href="#"> 首页 </a>   <a href="#"> 关于 </a>
    <a href="#"> 帮助 </a>   <a href="#"> 联系 </a>
</div>
</body>
```

例 12-2 制作网页中不同区域的链接效果。鼠标经过导航区域的链接风格与鼠标经过客户服务中心文字的链接风格截然不同，效果如图 12-6 所示。

图 12-6   使用 CSS 制作不同区域的超链接风格的效果

本例代码如下：

```
<head>
<title> 使用 CSS 制作不同区域的超链接风格 </title>
<style type="text/css">
  a:link {                                              /* 未访问的链接 */
    font-size: 13pt;color: #0000FF;text-decoration: none;}
  a:visitcd {                                      /* 访问过的链接 */
    font-size: 13pt;color: #00FFFF;text-decoration: none;}
  a:hover {                                        /* 鼠标经过的链接 */
    font-size: 13pt;color: #CC3333;text-decoration: underline; /* 下画线 */}
  .navi {
    text-align:center;background-color: #CCCCCC;}
  .navi span{margin-left:10px;margin-right:10px;}
  .navi a:link {color: #FF0000;text-decoration: underline;font-size: 17pt;
    font-family: " 华文细黑 ";}
  .navi a:visited {color: #0000FF;text-decoration: none;font-size: 17pt;
    font-family: " 华文细黑 ";}
  .navi a:hover {color: #00F;font-family: " 华文细黑 ";font-size: 17pt;
    text-decoration: overline;                /* 上画线 */   }
  .footer{text-align:center;margin-top:120px;}
</style>
</head>
<body>
  <h2 align="center"> 网络书城 </h2>
  <p class="navi">
   <a href="#"> 首页 </a>   <a href="#"> 关于 </a>
   <a href="#"> 帮助 </a>   <a href="#"> 联系 </a>   </p>
   <div class="footer"> 版权所有 &copy;  <a href="#"> 客户服务中心 </a></div>
  </body>
```

【说明】

(1) 在定义超链接的伪类 link、visited、hover、active 时，应该遵从一定的顺序，否则在浏览器中显示时超链接的 hover 样式就会失效。在指定超链接样式时，建议按 link、visited、hover、active 的顺序指定。如果先指定 hover 样式，然后再指定 visited 样式，则在浏览器中显示时 hover 样式将不起作用。

(2) 由于页面中的导航区域套用了类 .navi，并且在其后分别定义了 .navi a:link、.navia:visited 和 .navi a:hover 这 3 个继承，从而使导航区域的超链接风格区别于版权区域文字默认的超链接风格。

2) 设置图文链接

网页设计中对文字链接的修饰不仅限于增加边框、修改背景颜色等方式，还可以利用背景图像将文字链接进一步美化。

例 12-3　设置图文链接，当鼠标未悬停时图文链接的效果如图 12-7 所示，鼠标悬停时图文链接的效果如图 12-8 所示。

图 12-7　鼠标未悬停时图文链接的效果　　　图 12-8　鼠标悬停时图文链接的效果

本例代码如下：

```
<head>
<title> 图文链接 </title>
<style type="text/css">
  .a {
    padding-left:40px; /* 设置左内边距用于增加空白显示背景图像 */
    font-size:16px;
    text-decoration: none;
  }
  .a:hover {
    background:url(images/carts.gif) no-repeat left   center;     /* 增加背景图像 */
    text-decoration: underline;               /* 下画线 */
}
</style>
</head>
<body>
<a href="#" class="a"> 魔术链接：鼠标悬停在链接上将显示购物车 </a>
</body>
```

3) 设置按钮链接

很多网页上的超链接都会制作成各种按钮的效果，这些效果大都采用了各种图像，本节仅通过 CSS 的普通属性来模拟按钮的效果。按钮式超链接的实质就是将超链接样式的 4 个边框的颜色分别进行设置，左和上设置为加亮效果，右和下设置为阴影效果，当鼠标悬停在按钮上时，加亮效果与阴影效果刚好相反。

例 12-4　设置按钮链接，当鼠标悬停在按钮上时，可以看到超链接类似按钮"被按下"的效果，如图 12-9 所示。

图 12-9　页面的显示效果

本例代码如下：

```
<head>
<title> 设置按钮链接 </title>
<style type="text/css">
  a{
    font-family: Arial;                 /* 统一设置所有样式 */
    font-size: 14px;
    text-align:center;
    margin:3px; }
  a:link,a:visited{                      /* 超链接正常状态、被访问过的样式 */
    color: #333;
    padding:4px 10px 4px 10px;
    background-color: #DDD;
    text-decoration: none;
    border-top: 1px solid #EEE;          /* 边框实现阴影效果 */
    border-left: 1px solid #EEE;
    border-bottom: 1px solid #717171;
    border-right: 1px solid #717171; }
  a:hover{                               /* 鼠标悬停时的超链接 */
    color:#06F;                          /* 改变文字颜色 */
    padding:5px 8px 3px 12px;            /* 改变文字位置 */
    background-color:#CCC;               /* 改变背景颜色 */
    border-top: 1px solid #717171;       /* 边框变换，实现"按下去"的效果 */
    border-left: 1px solid #717171;
```

```
        border-bottom: 1px solid #EEE;
        border-right: 1px solid #EEE; }
</style>
</head>
<body>
    <h2> 网络书城 </h2>    <a href="#"> 首页 </a>    <a href="#"> 关于 </a>
    <a href="#"> 帮助 </a>    <a href="#"> 联系 </a>
</body>
```

例 12-5　创建按钮样式超链接，当鼠标悬停在按钮上时，可以看到超链接类似按钮"被按下"的效果，如图 12-10 所示。

图 12-10　页面的显示效果

制作过程如下：

(1) 先建立简单的菜单结构，代码如下：

```
<body>
<a href="home.htm">Home</a>       <a href="east.htm">East</a>
<a href="west.htm">West</a>       <a href="north.htm">North</a>
<a href="south.htm">South</a>
</body>
```

页面效果如图 12-11 所示，可以看到仅有几个普通的超链接。

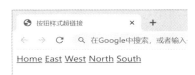

图 12-11　页面效果

(2) 对 <a> 标记进行整体控制，同时加入 CSS 的 3 个伪类属性。对于普通超链接和被单击过的超链接采用同样的样式，并且利用边框的样式来模拟按钮效果。对于鼠标指针经过时的超链接，相应地改变其文字颜色、背景颜色、位置和边框，从而模拟出按钮按下去的效果。代码如下：

```
body{background-color:#AAA;}
a{                                    /* 统一设置所有样式 */
    font-family: Arial;  font-size: .8em;text-align:center;margin:3px;}
a:link, a:visited{                    /* 超链接正常状态、被访问过的样式 */
    color: #A62020;
```

```
        padding:4px 10px 4px 10px;
        background-color: #DDD;
        text-decoration: none;
        border-top: 1px solid #EEEEEE;                    /* 边框实现阴影效果 */
        border-left: 1px solid #EEEEEE;
        border-bottom: 1px solid #717171;
        border-right: 1px solid #717171;
    }
    a:hover{                                              /* 鼠标经过时的超链接 */
        color:#821818;                                    /* 改变文字颜色 */
        padding:5px 8px 3px 12px;                         /* 改变文字位置 */
        background-color:#CCC;                            /* 改变背景颜色 */
        border-top: 1px solid #717171;                    /* 边框变换，实现"按下去"的效果 */
        border-left: 1px solid #717171;
        border-bottom: 1px solid #EEEEEE;
        border-right: 1px solid #EEEEEE;
    }
```

以上代码中，首先设置了 a 属性的整体样式 (即超链接所有状态下通用的样式)，然后通过对 3 个伪类属性的颜色、背景颜色和边框的修改，模拟了按钮的特效，最终效果如图 12-10 所示。

2. 使用 CSS 美化超链接实例

1) 制作新闻列表

使用列表、锚点链接和 CSS3 可以实现新闻列表。单击右侧的超链接标题，左侧将显示与其对应的内容，如图 12-12 所示。

图 12-12 "古诗"新闻列表

这类新闻列表的实现原理是，先将标题与其对应的内容嵌套到列表中，设置显示区域 (容器元素) 为一个列表项的大小，隐藏溢出部分。然后使用锚点链接将标题与内容一一对应，通过单击锚点链接使对应列表项移动到显示区域，即可实现"切换"效果，如图 12-13 所示。

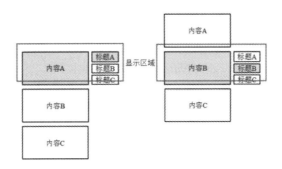

图 12-13　新闻列表的实现原理

制作过程如下：

(1) 创建"study.html"文档，在 <body> 标签中输入以下代码，创建嵌套列表并为列表标题和列表项设置锚点链接与普通链接。

```
<dl>
<dt><a href="#a"> 小学古诗 </a><a href="#b"> 初中古诗 </a><a href="#c"> 高中古诗 </a> </dt>
    <dd>
        <ul id="a">
        <li><a href="#"> 静夜思 —— 李白 ( 床前明月光，疑是地上霜。…)</a></li>
        <li><a href="#"> 春晓 —— 孟浩然 ( 春眠不觉晓，处处闻啼鸟。…)</a></li>
        <li><a href="#"> 咏柳 —— 贺知章 ( 碧玉妆成一树高，万条垂下绿丝绦。…)</a></li>
        <li><a href="#"> 登黄鹤楼 —— 王之涣 ( 白日依山尽，黄河入海流。…)</a></li>
        <li><a href="#"> 了解更多 ...</a> </li>
        </ul>
        <ul id="b">
          <li><a href="#"> 观沧海 —— 曹操 ( 东临碣石，以观沧海。…)</a></li>
          <li><a href="#"> 夜雨寄北 —— 李商隐 ( 君问归期未有期，巴山夜雨涨秋池。…)</a></li>
          <li><a href="#"> 泊秦淮 —— 杜牧 ( 烟笼寒水月笼沙，夜泊秦淮近酒家。…)</a></li>
          <li><a href="#"> 春望 —— 杜甫 ( 国破山河在，城春草木深。…)</a></li>
          <li><a href="#"> 了解更多 ...</a> </li>
        </ul>
        <ul id="c">
          <li><a href="#"> 赤壁赋 —— 苏轼 ( 壬戌之秋，七月既望…)</a></li>
          <li><a href="#"> 阿房宫赋 —— 杜牧 ( 六王毕，四海一，蜀山兀，阿房出。…)</a></li>
          <li><a href="#"> 春江花月夜 —— 张若虚 ( 春江…)</a></li>
          <li><a href="#"> 蜀道难 —— 李白 ( 噫吁嚱…)</a></li>
            <li><a href="#"> 了解更多 ...</a> </li>
        </ul>
        </dd>
</dl>
```

(2) 在头部标签中添加 <style> 标签，并输入以下代码，设置外层列表的样式。

```
dl {width: 500px; height: 170px; border: 10px solid #EEE; border-radius: 40px 0 0 40px;
    background-color: #5E8D8B;}
dd {margin: 0; width: 415px; height: 170px; overflow: hidden;
}
dt {float: right;}
```

(3) 在 <style> 标签中添加以下代码，设置内层列表与超链接的样式。

```
ul {margin: 0; padding: 0; width: 500px; height: 170px; list-style: none;
}
li {width: 405px; height: 27px; margin-top: 5px; padding-left: 20px;
    white-space: nowrap; overflow: hidden; text-overflow: ellipsis; color: #FFFFFF;}
dt a {display: block; margin: 1px; width: 80px; height: 55px; text-align: center;
    color: #FFF; text-decoration: none; background: #666666;}
dt a:hover {background:#99E6E3;color: #334D4C;}
dd a{margin-top: 5px;text-decoration: none;line-height: 36px;color: #FFFFFF;}
```

2) 制作图形化按钮

超链接的功能基本等同于按钮，有时为了呈现按钮的显示效果，需要编写许多样式代码。实际上，为超链接设置背景图像即可简单地实现各种风格的按钮效果。

(1) 隐藏超链接文本。

当超链接的按钮效果无法使用 CSS 样式实现时，可以先在图像处理软件中制作好按钮的图像文件，然后将其设置为超链接的背景图像。需要注意的是，为体现 HTML5 语义化的特点，<a> 标签中一般会添加文本内容，当不需要显示文本内容时可以将它们的缩进设置为绝对值较大的负数，如 "text-indent:- 2000px;"，以达到隐藏文本内容的效果。

使用一个图像文件为两个超链接设置背景图像，并隐藏链接文本。原始图像及隐藏超链接文本后的按钮效果如图 12-14 所示。

图 12-14　原始图像及隐藏超链接文本后的按钮效果

制作过程如下：

① 创建 HTML5 文档，在 <body> 标签中输入以下代码，标记两个超链接标签。

```
<a class="a1"  href="#"> 播放 </a>
<a class="a2"  href="#"> 暂停 </a>
```

② 在 <head> 标签中添加 <style> 标签，并输入以下代码，设置两个超链接的背景图像且隐藏链接文本。

```
a{background:url('images/p11.png') no-repeat;display:inline-block;
    width:65px; height: 70px; text-indent: -999px;}
.a1{background-position:left;}
.a2{background-position:right;}
```

（2）自动伸缩按钮。

网页中的导航条一般都是由超链接组成的，各超链接往往需要显示长度不同的文本，如果直接添加背景图像，不仅比较麻烦，效果也不理想。此时，可以使用滑动门技术制作出可以自动伸缩的按钮效果。

滑动门技术利用背景图像的层叠性，将第一层背景图像设置得尽可能窄并靠一侧固定显示，第二层背景图像设置得尽可能宽并靠另一侧显示。在调整链接文本块的内外边距后，输入不同长度的文本 (不超过第二层背景图像的宽度)，第二层背景图像会根据文本长度自动伸缩，如图 12-15 所示。

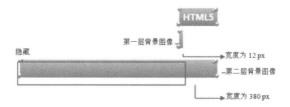

图 12-15　使用滑动门技术实现自动伸缩按钮的示意图

制作自动伸缩按钮，页面效果如图 12-16 所示。

图 12-16　自动伸缩按钮的页面效果

制作过程如下：

① 创建 HTML5 文档，在 <body> 标签中输入以下代码，标记超链接标签。

```
<a href="#"><span>HTML5</span></a>
<a href="#"><span>CSS3</span></a>
<a href="#"><span>JavaScript</span></a>
<a href="#"><span> 更多其他扩展学习 </span></a>
<a href="#"><span> 相关链接网站 </span></a>
```

② 在 <head > 标签中添加 <style> 标签，并输入以下代码：

```
a{
    background: url('images/p12.png') no-repeat left;
    display: block;
    font-weight: bold;
```

```
    float: left;
    line-height:38px;
    color: white;
    margin-left:10px;
    text-decoration: none;
}
a span{
    background: url('images/p13.png') no-repeat right;
    display: block;
    margin-left: 12px;
    padding-right:10px;
}
```

3) 制作荧光灯效果的菜单

本例制作一个简单的竖直排列的菜单。在每个菜单项的上边有一条深绿色的横线，当鼠标指针滑过时，横线由深绿色变成浅绿色，就好像一个荧光灯点亮后的效果，同时菜单文字变为黄色，以更明显的方式提示浏览者滑到了哪个菜单项目，效果如图 12-17 所示。

图 12-17　荧光灯效果的菜单

制作过程如下：

(1) 搭建 HTML 框架。从编写基本的 HTML 文件开始，搭建这个菜单的基本框架，代码如下：

```
<div id="menu">
    <a href="javascript:void(0);" id="first"> Home </a>
    <a href="javascript:void(0);"> Contact Us</a>
    <a href="javascript:void(0);"> Web Dev</a>
    <a href="javascript:void(0);"> Web Design</a>
    <a href="javascript:void(0);" id="last"> Map </a>
</div>
```

从上述代码中可以看出，<body> 标记中的内容非常简单，5 个文字的超链接被放置到一个 id 为 menu 的 div 容器中。此时，在浏览器中观察效果，只有最普通的文字超链接样式。

(2) 设置容器的 CSS 样式。

① 现在设置菜单 div 容器的整体区域样式，即设置菜单的宽度、背景颜色，以及文字的字体、大小等。在 HTML 文件的 <head> 标记中增加如下代码：

```
<style>
    /* 对 menu 层设置 */
    #menu {
        font-family:Arial;
        font-size:14px;
        font-weight:bold;
        width:120px;
        background:#000;
        border:1px solid #CCC;
    }
</style>
```

② 对菜单进行定位，在 #menu 部分增加如下两行代码：

```
padding:8px;
margin:0 auto;
```

这时，这个菜单在浏览器窗口中水平居中显示，并且文字和边界之间有 8px 的距离。

(3) 设置菜单项的 CSS 样式。

① 首先需要设置文字链接。为了使 5 个文字链接依次竖直排列，需要将它们从"行内元素"变为"块元素"。此外，还应该为它们设置背景颜色和内边距，以使菜单文字之间不要过于紧凑。代码如下：

```
#menu a, #menu a:visited {
    display:block;
    padding:4px 8px;
}
```

② 接下来设置文字的样式，取消下画线，并将文字设置为灰色，代码如下：

```
color:#CCC;
text-decoration:none;
```

③ 此外，还需要在每个菜单项的上面增加一个荧光灯，这可以通过设置上边框来实现，代码如下：

```
border-top:8px solid #060;
```

④ 设置鼠标指针经过时的效果，代码如下：

```
#menu a:hover {
    color:#FF0;
    border-top:8px solid #0E0;
}
```

至此，荧光灯效果的菜单制作完成。

三、资源准备

1. 教学设备与工具

(1) 电脑（每人一台）；

(2) U 盘、相关的软件 (Adobe Dreamweaver CS6 或 HBuilder)。

2. 职位分工

职位分工表如表 12-2 所示。

表 12-2　职位分工表

职　位	小组成员（姓名）	工　作　分　工	备　注
组长 A			小组角色由组长进行统一安排。下一个项目角色职位互换，以提升综合职业能力
组员 B			
组员 C			
组员 D			
组员 E			

四、实践操作 —— 美化"网上书店"页面中的超链接

1. 任务引入、效果图展示

本任务通过美化"网上书店"页面的导航条和"重磅区域"，练习设置超链接基本样式的方法。任务效果图如图 12-18 所示。

案例 12　美化"网上书店"页面中的超链接

图 12-18　任务效果图

2. 任务分析

分析"网上书店"页面的"重磅推荐"区域的构成元素，并将其拆解为几个部分，然后分析各部分使用了哪些 HTML5 标记及应用了哪些 CSS 样式。

本页面主要是设置 <a> 标记及 a:hover 的 CSS 样式来实现超链接的美化，其中，对 <a> 标记取消下画线的效果，并设置文本的样式；对 a:hover 伪类选择器设置鼠标指针经过时修改文本颜色，并添加下画线的效果。

3. 任务实现

(1) 打开配套素材 HTML 文档。在编辑器中打开本任务配套素材"任务 12"→"素材"→"main.html"和"main.css"文档。

(2) 为列表项文档添加超链接。在网页文档中为导航条列表的每一个列表项中的文本添加 href 属性值为"#"的超链接。

(3) 在样式文档中添加以下代码，重新设置导航条的样式。

```
#nav_top ul li{
    float: left;
    margin:15px 25px 0 0;
    list-style: none;
}
#nav_top a{
font-size: 1.2em;
text-shadow:2px 0 3px #66687F;
font-weight: bold;
color: #FFFFFF;
text-decoration: none;
}
#nav_top ul a:hover{
color:#F5F5F5;
text-decoration: underline;
text-shadow:1px 0px 2px #F7F7F7;
#nav_ top #nav_n{
font-size: 1.8em;
margin-right: 30px;
margin-top: 5px;
}
```

(4) 设置"重磅推荐"超链接样式。继续在样式文档中添加以下代码，设置鼠标指针移动至"重磅推荐"区域中超链接上时的样式。

```
#zbtj a:hover{
color:#BA7600;
text-decoration: underline;
}
```

五、总结评价

实训过程性评价表 (小组互评) 如表 12-3 所示。

表 12-3　实训过程性评价表

组别：＿＿＿＿＿＿　　组员：＿＿＿＿＿＿　　任务名称：美化 "网上书店" 页面中的超链接

教 学 环 节	评 分 细 则	第　　　　组
课前预习	基础知识完整、正确 (10 分)	得分：＿＿＿＿＿＿
实施作业	1. 操作过程正确 (15 分) 2. 基本掌握操作要领 (20 分) 3. 操作结果正确 (25 分) 4. 小组分工协作完成 (10 分)	各环节得分： 1：＿＿＿＿＿＿ 2：＿＿＿＿＿＿ 3：＿＿＿＿＿＿ 4：＿＿＿＿＿＿
质量检验	1. 学习态度 (5 分)	1：＿＿＿＿＿＿
	2. 工作效率 (5 分)	2：＿＿＿＿＿＿
	3. 代码编写规范 (10 分)	3：＿＿＿＿＿＿
总分 (100 分)		

六、课后作业

1. 试结合给出的素材以及本任务中学习的使用 CSS 美化超链接方面的内容，通过 CSS 美化 "HTML5 网上学习" 页面，效果如图 12-19 所示。

图 12-19　"HTML5 网上学习" 页面效果

2. 完成本实训工作页的作业。

3. 预习任务 13。

项目四　应用和美化表格

知识目标

(1) 掌握表格标签的应用，能够在网页中创建表格。

(2) 掌握 <table>、<caption>、<tr>、<th>、<td> 等表格标签的区别，以及表格按行分组和按列分组的方法。

(3) 掌握表格标签常用的属性，能够应用属性添加表格样式。

(4) 掌握表格跨行、跨列、跨行跨列的设置方法，能够制作不规则表格。

(5) 掌握表格的 CSS 属性，能够使用 CSS 设置表格样式。

(6) 掌握使用 CSS 制作细线表格的方法，掌握使用 CSS 制作圆角表格的方法，掌握使用 CSS 制作自适应表格的方法，掌握使用 CSS 制作隔行换色表格的方法。

技能目标

(1) 熟练应用表格相关标签在页面中创建表格。

(2) 熟练应用 CSS 美化表格。

(3) 熟练应用自适应表格。

思政目标

(1) 通过实施"授课＋体验"教学模式，引导学生亲自探寻编程的乐趣，将课堂理论知识讲解与思考相结合，培养学生理论联系实际的良好学习习惯。

(2) 通过多元化的教学形式，将充满正能量的主流价值观传递给学生，将科学育人与学科育人相结合，在潜移默化中实现育人效果的内化于心、外化于行。

(3) 通过小组合作的模式，提升团队交流协作能力，在创新任务中完成创新应用，深入掌握新知识与新技能，强化学生的创新意识。

任务 13　制作"热销排行榜"表格

一、任务引入

在早期的网页设计中，表格因为极具结构化的表现形式，所以主要用于整合页面中的元素进行排版。但随着网页设计的标准化，HTML5 中增加了许多格式化标签，不再使用表格标签作为页面元素的容器，所以在如今的网页设计中，表格主要用来显示数据。本任务通过为"网上书店"页面制作"热销排行榜"区域，练习表格的使用方法。

二、相关知识

日常生活中，为了清晰地显示数据或信息，我们常常会使用表格对数据或信息进行统计。同样在制作网页时，为了使网页中的元素有条理地显示，也可以使用表格对网页进行规划。表格在网站开发中应用广泛，几乎所有 HTML 页面都或多或少地采用了表格。表格可以灵活地控制页面的排版，使整个页面层次清晰。学好网页制作，熟练掌握表格的各种属性是必要的。

1. 创建表格

表格是由行和列组成的二维表。每个表格均有若干行，每行有若干列，行和列围成的区域是单元格。单元格的内容是数据，也称数据单元格。数据单元格可以包含文本、图片、列表、段落、表单、水平线或表格等元素。表格中的内容按照相应的行或列进行分类和显示，如图 13-1 所示。

行		星期一	星期二	星期三	星期四	星期五	单元格
	早自习	晨会	语文	英语	语文	英语	
	第一节	数学	化学	政治	数学	语文	
	第二节	英语	地理	语文	英语	物理	
	第三节	历史	英语	化学	政治	化学	
	第四节	语文	数学	物理	生物	地理	
	第五节	体育	语文	英语	地理	自习	
	第六节	地理	物理	数学	化学	生物	
	第七节	化学	政治	历史	语文	英语	列
	第八节	物理	生物	体育	历史	数学	

图 13-1　表格

在 Word 中，如果要创建表格，只需插入表格，然后设定相应的行数和列数即可。然而在 HTML 网页中，所有的元素都是通过标签定义的，要想创建表格，就需要使用表格相关的标签。一个最基本的表格结构包括行标签与单元格标签。在 HTML5 中，使用 \<table\> 标签标记表格，使用 \<tr\> 子标签标记行，使用 \<td\> 子标签标记单元格，具体语法格式如下：

```
<table>
<tr>
<td>…</td>…<td>…</td>
</tr> …
</table>
```

上面的语法中，包含 3 对 HTML 标签，分别为 <table></table>、<tr></tr>、<td></td>，它们是创建 HTML 网页中表格的基本标签，缺一不可。

<table></table>：用于定义一个表格的开始与结束。在 <table> 标签内部，可以放置表格的标题、表格行和单元格等。

<tr></tr>：用于定义表格中的一行，必须嵌套在 <table></table> 标签中。在 <table></table> 中包含几对 <tr></tr>，就表示该表格有几行。

<td></td>：用于定义表格中的单元格，必须嵌套在 <tr></tr> 标签中。一对 <tr></tr> 中包含几对 <td></td>，就表示该行中有多少列 (或多少个单元格)。

了解了创建表格的基本语法，下面通过制作一个基本的表格进行演示。代码如下：

```
<head>
<meta charset="utf-8">
<title></title>
</head>
<body>
<table>
    <tr><td>《辛德勒的名单》</td><td>1993 年 </td><td>9.4 分 </td></tr>
    <tr><td>《肖申克的救赎》</td><td>1994 年 </td><td>9.6 分 </td></tr>
    <tr><td>《阿甘正传》</td><td>1994 年 </td><td>9.4 分 </td></tr>
    <tr><td>《罗马假日》</td><td>1953 年 </td><td>8.9 分 </td></tr>
    <tr><td>《阳光灿烂的日子》</td><td>1994 年 </td><td>8.7 分 </td></tr>
</table>
</body>
```

页面的显示效果如图 13-2 所示。

图 13-2　页面的显示效果

2. 表头与标题

1) 表头

表头是对一组数据的概括或解释，表头信息可以方便用户理解表格数据的含义，提高网页的可读性。在 HTML5 中，使用 <th> 标签标记表头单元格，具体语法格式如下：

```
<table>
<tr>
<th>…</th>…<th>…</th>
</tr> …
</table>
```

其中，<th> 标签必须包含在 <tr> 标签中，一般位于表格的首行或每行的第一个单元格。

注意：在实际应用中，可以根据需要，将表头单元格放置在表格中的任意位置，也可以设置多重表头。默认情况下，表头单元格中的文本居中对齐，字体加粗。

2) 标题

标题就是表格的名称，可以提示整个表格要表达的内容。在 HTML5 中，使用 <caption> 标签标记表格的标题，具体语法格式如下：

```
<table>
<caption>…</caption> …
</table>
```

一个 <table> 标签中只能添加一个 <caption> 标签，一般位于首行。

在了解表格的表头和标题的语法后，下面通过制作一个电影佳作推荐表进行演示。代码如下：

```
<head>
<meta charset="utf-8">
<title></title>
</head>
<body>
<table>
    <caption> 电影佳作推荐表 </caption>
    <tr><th> 电影名称 </th><th> 上映时间 </th><th> 评分 </th></tr>
    <tr><td>《辛德勒的名单》</td><td>1993 年 </td><td>9.4 分 </td></tr>
    <tr><td>《肖申克的救赎》</td><td>1994 年 </td><td>9.6 分 </td></tr>
    <tr><td>《阿甘正传》</td><td>1994 年 </td><td>9.4 分 </td></tr>
    <tr><td>《罗马假日》</td><td>1953 年 </td><td>8.9 分 </td></tr>
    <tr><td>《阳光灿烂的日子》</td><td>1994 年 </td><td>8.7 分 </td></tr>
</table>
</body>
```

页面的显示效果如图 13-3 所示。

图 13-3 页面的显示效果

从图 13-3 中可以看出，由 <caption> 标签标记的"电影佳作推荐表"居中放置在表格的标题位置，而由 <th> 标签标记的"电影名称""上映时间""评分"文本加粗，并且居中放在表格内容的第一行。

3. 表格分组

1) 按行分组

一个完整的表格按行分组，可分为表头、表体和表尾 3 部分，它们分别对应 <thead>、<tbody> 和 <tfoot> 标签，主要用于对报表数据进行逻辑分组。

<thead></thead>：用于定义表格的头部。该标签必须位于 <table></table> 标签中，一般包含网页的 logo 和导航等头部信息。

<tfoot></tfoot>：用于定义表格的页脚。该标签位于 <table></table> 标签中的 <thead></thead> 标签之后，一般包含网页底部的企业信息等。

<tbody></tbody>：用于定义表格的主体。该标签位于 <table></table> 标签中的 <tfoot></tfoot> 标签之后，一般包含网页中除头部和底部之外的其他内容。

如果使用 <thead>、<tbody> 和 <tfoot> 元素，就必须全部使用。它们出现的次序是 <thead>、<tfoot>、<tbody>。在 <table> 内部必须使用这些标签，<thead> 内部必须拥有 <tr> 标签。

当表格中的数据过多以至于在屏幕中无法完整显示时，可以将表头与表尾设置为始终可见，表体设置为滚动或翻页显示。在实际的网页制作中，一般将表体放置在表头与表尾之后。

例 13-1 制作图书季度销量数据报表，页面效果如图 13-4 所示。

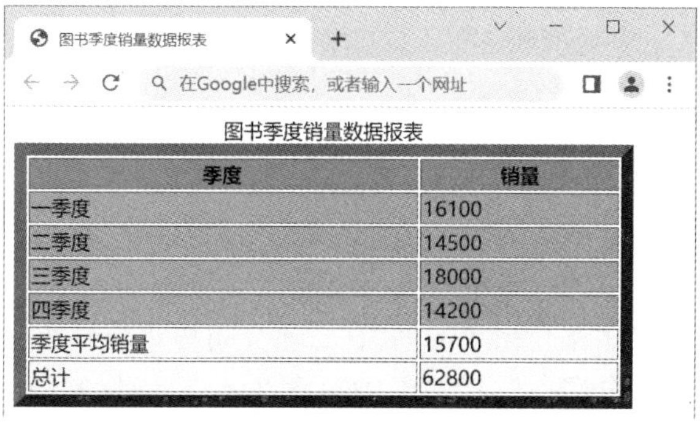

图 13-4 图书季度销量数据报表的页面效果

相关代码如下：

```
<head>
<title> 图书季度销量数据报表 </title>
</head>
<body>
<table width="500" border="10">
  <caption> 图书季度销量数据报表 </caption>
  <thead style="background: #0af">
    <tr>
      <th> 季度 </th>    <th> 销量 </th>
    </tr>
  </thead>
  <tbody style="background: #6cc">
    <tr>
      <td> 一季度 </td>    <td>16100</td>
    </tr>
    <tr>
      <td> 二季度 </td>    <td>14500</td>
    </tr>
    <tr>
      <td> 三季度 </td>    <td>18000</td>
    </tr>
    <tr>
      <td> 四季度 </td>    <td>14200</td>
    </tr>
  </tbody>
  <tfoot style="background: #ff6">
    <tr>
      <td> 季度平均销量 </td>    <td>15700</td>
    </tr>
    <tr>
      <td> 总计 </td>    <td>62800</td>
    </tr>
  </tfoot>
</table>
</body>
```

2) 按列分组

当需要单独设置表格中某一列或多列的样式时，可以将表格按列分组。在 HTML5 中，使用 <col> 标签对列进行分组，该标签必须包含在 <table> 标签中。多个 <col> 标签依次对应表格中的列。当需要同时为多个列设置样式时，可以设置 <col> 标签的 span 属性，属性值为对应列的个数。

　　HTML5 中还有一个与 <col> 标签功能相似的 <colgroup> 标签，它与 <col> 标签的用法基本相同，<col> 标签可放在该标签中。目前只能为这两种标签设置宽度与背景颜色。

　　例 13-2　制作高中课程表，页面效果如图 13-5 所示。

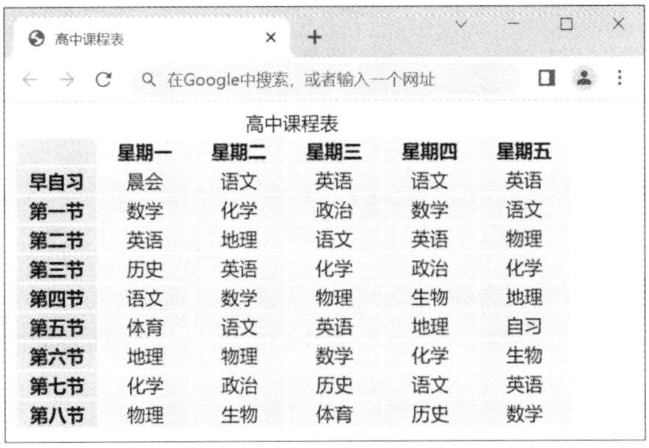

图 13-5　高中课程表的页面效果

相关代码如下：

```
<head>
<meta charset="utf-8">
<title></title>
<style>
    .c1{
            width: 70px;
            background-color: #D6F580;
    }
    .c2{
            width: 80px;
                background-color:#FFF689;
    }
    tr{
            text-align: center;
    }
</style>
</head>
<body>
<table>
    <caption> 高中课程表 </caption>
            <col class="c1" span="1" />
            <col class="c2" span="5" />
    <tr><th> </th><th> 星期一 </th><th> 星期二 </th><th> 星期三 </th><th> 星期四 </th><th>
```

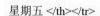

星期五 </th></tr>

  <tr><th> 早自习 </th><td> 晨会 </td><td> 语文 </td><td> 英语 </td><td> 语文 </td><td> 英语 </td></tr>

<tr><th> 第一节 </th><td> 数学 </td><td> 化学 </td><td> 政治 </td><td> 数学 </td><td> 语文 </td></tr>

<tr><th> 第二节 </th><td> 英语 </td><td> 地理 </td><td> 语文 </td><td> 英语 </td><td> 物理 </td></tr>

<tr><th> 第三节 </th><td> 历史 </td><td> 英语 </td><td> 化学 </td><td> 政治 </td><td> 化学 </td></tr>

<tr><th> 第四节 </th><td> 语文 </td><td> 数学 </td><td> 物理 </td><td> 生物 </td><td> 地理 </td></tr>

<tr><th> 第五节 </th><td> 体育 </td><td> 语文 </td><td> 英语 </td><td> 地理 </td><td> 自习 </td></tr>

<tr><th> 第六节 </th><td> 地理 </td><td> 物理 </td><td> 数学 </td><td> 化学 </td><td> 生物 </td></tr>

<tr><th> 第七节 </th><td> 化学 </td><td> 政治 </td><td> 历史 </td><td> 语文 </td><td> 英语 </td></tr>

<tr><th> 第八节 </th><td> 物理 </td><td> 生物 </td><td> 体育 </td><td> 历史 </td><td> 数学 </td></tr>

</table>

</body>

4. 表格标签的属性

1) <table> 标签的属性

表格标签包含了大量属性，虽然大部分属性都可以使用 CSS 进行替代，但是 HTML 语言中也为 <table> 标签提供了一系列属性，用于控制表格的显示样式。<table> 标签的常用属性如表 13-1 所示。

表 13-1　<table> 标签的常用属性

属 性	描 述	常用属性值
border	设置表格的边框（默认 border="0" 为无边框）	像素值
cellspacing	设置单元格与单元格边框之间的空白间距	像素值（默认为 2 像素）
cellpadding	设置单元格内容与单元格边框之间的空白间距	像素值（默认为 1 像素）
width	设置表格的宽度	像素值
height	设置表格的高度	像素值
align	设置表格在网页中的水平对齐方式	left、center、right
bgcolor	设置表格的背景颜色	预定义的颜色值、十六进制 #RGB、rgb(r,g,b)
background	设置表格的背景图像	URL 地址

表 13-1 中列出了 \<table> 标签的常用属性，在实体表格中的表现如图 13-6 所示。接下来对其中某些属性进行具体的讲解。

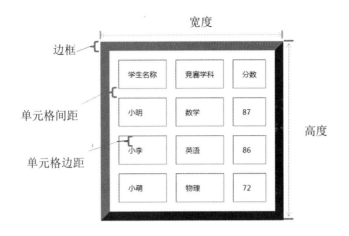

图 13-6 \<table> 常用属性在实体表格中的表现

(1) border 属性。在 \<table> 标签中，border 属性用于设置表格的边框，默认值为 0。

例 13-3   创建学生成绩表，代码如下：

```
<head>
<meta charset="utf-8">
<title> 表格 </title>
</head>
<body>
<table>
  <tr>
    <td> 学生名称 </td>    <td> 竞赛学科 </td>    <td> 分数 </td>
  </tr>
  <tr>
    <td> 小明 </td>    <td> 数学 </td>    <td>87</td>
  </tr>
  <tr>
    <td> 小李 </td>    <td> 英语 </td>    <td>86</td>
  </tr>
  <tr>
    <td> 小萌 </td>    <td> 物理 </td>    <td>72</td>
  </tr>
</table>
</body>
```

学生成绩表效果如图 13-7 所示。

图 13-7　学生成绩表效果

当为 <table> 标签添加 border 属性并将属性值设置为 1 时，出现如图 13-8 所示的双线边框效果。

图 13-8　添加 border 的显示效果

为了更好地理解 border 属性，这里将上面代码中 <table> 标签的 border 属性值设置为 20，相关代码更改如下：

```
<table border="20">
```

这时，保存 HTML 文件，刷新页面，效果如图 13-9 所示。

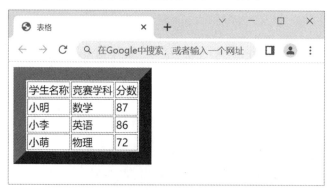

图 13-9　border 属性值为 20 的显示效果

比较图 13-8 和图 13-9，我们会发现表格的双线边框的外边框变宽了，但是内边框不变。其实，在双线边框中，外边框为表格 <table> 的边框，内边框为单元格 <td> 的边框。也就是说，<table> 标签的 border 属性值改变的只是外边框的宽度，内边框的宽度仍然为 1 像素。

(2) cellspacing 属性。cellspacing 属性用于设置单元格与单元格之间的空间，默认距离为 2px。例如，对例 13-3 中的 <table> 标签应用 cellspacing="20"，则相关代码如下：

<table border="20" cellspacing="20">

这时，保存 HTML 文件，刷新页面，效果如图 13-10 所示。

图 13-10　添加 cellspacing 的显示效果

从图 13-10 中可看出，单元格与单元格以及单元格与表格边框之间都拉开了 20px 的距离。

(3) cellpadding 属性。cellpadding 属性用于设置单元格内容与单元格边框之间的空白间距，默认为 1px。例如，对例 13-3 中的 <table> 标签应用 cellpadding="20"，则第 8 行代码更改如下：

<table border="20" cellspacing="20" cellpadding="20">

这时，保存 HTML 文件，刷新页面，效果如图 13-11 所示。

图 13-11　添加 cellpadding 的显示效果

从图 13-10 和图 13-11 中可看出，在图 13-11 中，单元格内容与单元格边框之间出现了 20px 的空白间距。例如，"学生名称"与其所在的单元格边框之间拉开了 20px 的距离。

(4) width 属性和 height 属性。默认情况下，表格的宽度和高度是自适应的，依靠表格内的内容来支撑，例如图 13-8 所示的表格。要更改表格的尺寸，就需要对其应用宽度属性 width 和高度属性 height。这里，对例 13-3 中的表格设置宽度和高度,相关代码更改如下：

<table border="20" cellspacing="20" cellpadding="20" width="600" height="600">

这时，保存 HTML 文件，刷新页面，效果如图 13-12 所示。

图 13-12　设置 width="600" 和 height="600" 的效果

由图 13-12 所示可见，表格的宽度和高度为 600px，各单元格的宽、高均按一定的比例增加。

(5) align 属性。align 属性可用于定义表格的水平对齐方式，其可选属性值为 left、center、right。需要注意的是，当对 <table> 标签应用 align 属性时，控制的是表格在页面中的水平对齐方式，而单元格中的内容不受影响。例如，对例 13-3 中的 <table> 标签应用 align="center"，相关代码更改如下：

```
<table border="20" cellspacing="20" cellpadding="20" width="600" height="600"
align="center">
```

这时，保存 HTML 文件，刷新页面，效果如图 13-13 所示。

图 13-13　表格 align 属性的使用效果

从图 13-13 中可看出，表格位于浏览器的水平居中位置，而单元格中的内容不受影响。

(6) bgcolor 属性。在 <table> 标签中，bgcolor 属性用于设置表格的背景颜色。例如，将例 13-3 中表格的背景颜色设置为灰色，则 <table> 中的代码更改如下：

<table border="20" cellspacing="20" cellpadding="20" width="600" height="600"

align="center" bgcolor="CCCCCC">

这时，保存 HTML 文件，刷新页面，效果如图 13-14 所示。

图 13-14　表格 bgcolor 属性的使用效果

从图 13-14 中可看出，使用 bgcolor 属性后表格内部所有的背景颜色都变为灰色。

(7) background 属性。在 <table> 标签中，background 属性用于设置表格的背景图像。例如，为例 13-3 中的表格添加背景图像，则第 8 行代码如下：

<table border="20" cellspacing="20" cellpaddinq="20" width="600" height="600"

align="center" bgcolor="#CCCCCC" background="1.jpg">

这时，保存 HTML 文件，刷新页面，效果如图 13-15 所示。

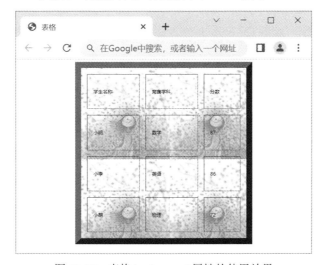

图 13-15　表格 background 属性的使用效果

从图 13-15 中可看出，图像在表格中沿着水平和垂直两个方向平铺，填充了整个表格。

2) <tr> 标签的属性

通过对 <table> 标签应用各种属性，可以控制表格的整体显示样式。但是制作网页时，需要表格中的某一行特殊显示，这时就可以为行标签 <tr> 定义属性。<tr> 标签的常用属性如表 13-2 所示。

表 13-2　<tr> 标签的常用属性

属　性	描　　述	常用属性值
height	设置行高度	像素值
align	设置一行内容的水平对齐方式	left、center、right
valign	设置一行内容的垂直对齐方式	top、middle、bottom
bgcolor	设置行背景颜色	预定义的颜色值、十六进制 #RGB、rgb(r,g,b)
background	设置行背景图像	URL 地址

表 13-2 中列出了 <tr> 标签的常用属性，其中大部分属性与 <table> 标签的属性相同。为了加深初学者对这些属性的理解，这里通过一个案例来演示行标签 <tr> 的常用属性效果。

例 13-4　制作成员联系方式，代码如下：

```
<head>
<meta charset="utf-8">
<title>tr 标签的属性 </title>
</head>
<body>
<table border="1" width="400" height="240" align="center">
  <tr height="80" align="center" valign="top" bgcolor="#00CCFF">
    <td> 姓名 </td>    <td> 性别 </td>
    <td> 电话 </td>    <td> 住址 </td>
  </tr>
  <tr>
  <td> 小王 </td>    <td> 女 </td>
    <td>11122233</td>    <td> 海淀区 </td>
  </tr>
  <tr>
```

```
        <td> 小李 </td>      <td> 男 </td>
        <td>55566677</td>   <td> 朝阳区 </td>
    </tr>
    <tr>
        <td> 小张 </td>      <td> 男 </td>
        <td>88899900</td>    <td> 西城区 </td>
    </tr>
 </table>
 </body>
```

在例 13-4 的第 8 行和第 9 行代码中，分别对表格标签 <table> 和第 1 个行标签 <tr> 应用相应的属性，用来控制表格和第 1 行内容的显示样式。

运行例 13-4 的代码，效果如图 13-16 所示。 

图 13-16　行标签的属性使用效果

从图 13-16 中可看出，表格按照设置的宽、高显示，且位于浏览器的水平居中位置。表格的第 1 行内容按照设置的高度显示，文本内容水平居中、垂直居上，并且第 1 行还添加了背景颜色。

例 13-4 通过对行标签 <tr> 应用属性，可以单独控制表格中一行内容的显示样式。在学习 <tr> 的属性时，还需要注意以下几点：

(1) <tr> 标签无宽度属性 width，其宽度取决于表格标签 <table>。

(2) 可以对 <tr> 标签应用 valign 属性，用于设置一行内容的垂直对齐方式。

3) <td> 标签的属性

通过对行标签 <tr> 应用属性，可以控制表格中某一行内容的显示样式。但是，在网页制作过程中，要对某一个单元格进行控制，就需要为单元格标签 <td> 定义属性。<td> 标签的常用属性如表 13-3 所示。

表 13-3　<td> 标签的常用属性

属性名	描　述	常用属性值
width	设置单元格的宽度	像素值
height	设置单元格的高度	像素值
align	设置单元格内容的水平对齐方式	left、center、right
valign	设置单元格内容的垂直对齐方式	top、middle、bottom
bgcolor	设置单元格的背景颜色	预定义的颜色值、十六进制 #RGB、rgb(r,g,b)
background	设置单元格的背景图像	URL 地址
colspan	设置单元格横跨的列数 (用于合并水平方向的单元格)	正整数
rowspan	设置单元格竖跨的行数 (用于合并垂直方向的单元格)	正整数

表 13-3 中列出了 <td> 标签的常用属性，其中大部分属性与 <tr> 标签的属性相同。与 <tr> 标签不同的是，可以对 <td> 标签应用 width 属性，用于指定单元格的宽度；同时 <td> 标签还拥有 colspan 和 rowspan 属性，用于对单元格进行合并。

对于 <td> 标签的 colspan 和 rowspan 属性，这里通过案例来演示表格的跨行和跨列功能。

(1) 跨行。跨行是指单元格在垂直方向上的合并，语法格式如下：

```
<table>
<tr>        <td rowspan=" 所跨的行数 "> 单元格内容 </td>        </tr>
</table>
```

其中，rowspan 指明该单元格应有多少行的跨度，在 <th> 和 <td> 标签中使用。例如，制作一个跨行展示的图书分类销量表格，代码如下：

```
<head>
<title> 跨行表格 </title>
</head>
<body>
<table width="300" border="1">
  <tr>
    <td rowspan="2"> 科技类图书 </td>   <td> 航天系列 </td>   <td>4000</td>
  </tr>

  <tr>
   <td> 网络系列 </td>   <td>3000</td>
  </tr>
```

```
<tr>
  <td rowspan="2"> 美食类图书 </td>  <td> 鲁菜系列 </td>  <td>5000</td>
</tr>
<tr>
  <td> 豫菜系列 </td>  <td>3000</td>
</tr>
</table>
</body>
```

跨行的效果如图 13-17 所示。

图 13-17 跨行的效果

(2) 跨列。跨列是指单元格在水平方向上合并，语法格式如下：

```
<table>
<tr>          <td colspan=" 所跨的行数 "> 单元格内容 </td> </tr>
</table>
```

其中，colspan 指明该单元格应有多少列的跨度，在 <th> 和 <td> 标签中使用。例如，制作一个跨列展示的图书分类销量表格，代码如下：

```
<head>
<title> 跨列表格 </title>
</head>
<body>
<table width="300" border="1">
  <tr>  <td colspan="2"> 图书分类销量 </td>  </tr>
  <tr>  <td> 科技类图书 </td>  <td>7000</td>  </tr>
  <tr>  <td> 美食类图书 </td>  <td>8000</td>  </tr>
</table >
</body>
```

跨列的效果如图 13-18 所示。

图 13-18　跨列的效果

(3) 跨行跨列。例如，制作一个跨行跨列展示的图书分类销量表格，代码如下：

```
<head>
<title> 跨行跨列表格 </title>
</head>
<body>
<table width="300" border="1">
 <tr>
  <td colspan="3"> 图书分类销量 </td>
 </tr>
 <tr>
  <td rowspan="2"> 科技类图书 </td>    <td> 航天系列 </td>    <td>4000</td>
 </tr>
 <tr>
  <td> 网络系列 </td>    <td>3000</td>
 </tr>
 <tr>
  <td rowspan="2"> 美食类图书 </td>    <td> 鲁菜系列 </td>    <td>5000</td>
 </tr>
 <tr>
  <td> 豫菜系列 </td>    <td>3000</td>
 </tr>
</table>
</body>
```

跨行跨列的效果如图 13-19 所示。

图 13-19　跨行跨列的效果

三、资源准备

1. 教学设备与工具

(1) 电脑 (每人一台)；

(2) U 盘、相关的软件 (Adobe Dreamweaver CS6 或 HBuilder)。

2. 职位分工

职位分工表如表 13-4 所示。

表 13-4 职 位 分 工 表

职 位	小组成员 (姓名)	工 作 分 工	备 注
组长 A			
组员 B			小组角色由组长进行统一安排。下一个项目角色职位互换，以提升综合职业能力
组员 C			
组员 D			
组员 E			

四、实践操作——制作"热销排行榜"表格

1. 任务引入、效果图展示

本任务通过制作"网上书店"页面中的"热销排行榜"区域，练习表格的实际应用。任务效果图如图 13-20 所示。

案例 13 制作
"热销排行榜"表格

热度	图书	简介	分类	现价	操作
2678555	《活着》	荣获中国版权金奖作品奖，销量逾千万册	小说	¥14.00	加入购物车 立刻购买
2540328	《我喜欢生命本来的样子》	周国平经典散文作品集	文学	¥20.00	加入购物车 立刻购买
2075433	《人间失格》	日本小说家太宰治的自传体小说	小说	¥19.90	加入购物车 立刻购买
1954232	《雪落香杉树》	福克纳奖得主，全球畅销500万册	小说	¥24.90	加入购物车 立刻购买
1880544	《少年读史记》	儿童文学作家张嘉骅倾力打造更适合孩子阅读的《史记》	少儿	¥50.00	加入购物车 立刻购买
1765401	《解忧杂货店》	登顶北大图书馆预约榜，5年销量超900万册	小说	¥24.50	加入购物车 立刻购买
1715420	《浮生六记》	白话版本，读懂挚美经典	文学	¥16.00	加入购物车 立刻购买
1705663	《月亮与六便士》	畅销250万册，入选上海国际学校指定必读版	小说	¥35.00	加入购物车 立刻购买
1678450	《摆渡人》	畅销欧美33个国家，荣获多项图书大奖	小说	¥18.00	加入购物车 立刻购买
1654233	《百年孤独》	6年发行量超600万册	小说	¥35.00	加入购物车 立刻购买

完整榜单……

万事通网上书店运营工作室

图 13-20 任务效果图

2. 任务分析

分析"网上书店"页面中的"热销排行榜"区域的构成元素，并将其拆解为几个部分，然后分析各部分使用了哪些 HTML5 标记及属性。

本页面首先使用 <thead>、<tfoot>、<tbody> 标记将表格内容分组，通过 <tr> 和 <td> 标记表格的行与单元格内容。在表格的最后一行"完整榜单 ……"所在的 <td> 中，加入 colspan 属性，实现表格的列合并。为了设置表格各列的宽度，在 <thead> 标记前加入 <col> 标记并使用 width 属性。

3. 任务实现

(1) 打开配套素材 HTML 文档。在编辑器中打开本任务配套素材"任务 13"→"素材"→"main.html"文档。

(2) 制作"热销排行榜"区域中表格的一部分。在 <div id = "main_xs"></div> 标签中的 h1 标题下方输入以下代码，制作"热销排行榜"区域中表格的一部分。

```
<div id="main_xs">
  <h1> 热销排行榜 </h1>
  <table id="xsbd" >
   <thead>
       <tr>
                <th> 热度 </th>  <th> 图书 </th>    <th> 简介 </th>
                <th> 分类 </th>  <th> 现价 </th>    <th> 操作 </th>
       </tr>
   </thead>
   <tfoot>
       <tr> <td colspan="6"><a href="#"> 完整榜单 ……</a></td>    </tr>
   </tfoot>
   <tbody>
       <tr>
                <td>2678555<img src="images/bg_hm.png" /></td>
                <td><a class="xs_ts" href="book_detail.html">《活着》</a></td>
                <td> 荣获中国版权金奖作品奖，销量逾千万册 </td>
                <td> 小说 </td>
                <td>&yen;14.00</td>
                <td><a class="xs_gw" href="#"> 加入购物车 </a><a class="xs_gm" href="#"> 立刻
购买 </a></td>
       </tr>
   </tbody>
  </table>
 </div>
```

　　(3) 添加其余行。参照效果图中表格的内容及任务分析中表体第 1 行单元格的代码，添加其余行。其中，超链接的目标地址设置为"#"；自第 4 个 <tr> 起，第 1 列单元格中的图像更改为"bg_xhm.png"。相关代码如下：

```
<div id="main_xs">
  ⋮
    <table id="xsbd" >
      <thead>...</thead>
      <tfoot>...</tfoot>
      <tbody>
        <tr>...</tr>
        <tr>...</tr>
        <tr>...</tr>
        <tr>
          <td>1954232<img src="images/bg_xhm.png" /></td>
          <td><a class="xs_ts" href="#">《雪落香杉树》</a></td>
          <td> 福克纳奖得主，全球畅销 500 万册 </td>
          <td> 小说 </td>
          <td>&yen;24.90</td>
          <td><a class="xs_gw" href="#"> 加入购物车 </a><a class="xs_gm" href="#"> 立刻
购买 </a></td>
        </tr>
        <tr>
          <td>1880544<img src="images/bg_xhm.png" /></td>
          <td><a class="xs_ts" href="#">《少年读史记》</a></td>
          <td> 儿童文学作家张嘉骅倾力打造更适合孩子阅读的《史记》</td>
          <td> 少儿 </td>
          <td>&yen;50.00</td>
          <td><a class="xs_gw" href="#"> 加入购物车 </a><a class="xs_gm" href="#"> 立刻
购买 </a></td>
        </tr>
        <tr>
          <td>1765401<img src="images/bg_xhm.png" /></td>
          <td><a class="xs_ts" href="#">《解忧杂货店》</a></td>
          <td> 登顶北大图书馆预约榜，5 年销量超 900 万册 </td>
          <td> 小说 </td>
          <td>&yen;24.50</td>
          <td><a class="xs_gw" href="#"> 加入购物车 </a><a class="xs_gm" href="#"> 立刻
购买 </a></td>
```

```
                </tr>
                <tr>
                    <!-- <td><img src="images/b_fslj.jpg" /></td> -->
                    <td>1715420<img src="images/bg_xhm.png" /></td>
                    <td><a class="xs_ts" href="#">《浮生六记》</a></td>
                    <td> 白话版本，读懂挚美经典 </td>
                    <td> 文学 </td>
                    <td>&yen;16.00</td>
                    <td><a class="xs_gw" href="#"> 加入购物车 </a><a class="xs_gm" href="#"> 立刻
购买 </a></td>
                </tr>
                <tr>
                    <td>1705663<img src="images/bg_xhm.png" /></td>
                    <td><a class="xs_ts" href="#">《月亮与六便士》</a></td>
                    <td> 畅销 250 万册，入选上海国际学校指定必读版 </td>
                    <td> 小说 </td>
                    <td>&yen;35.00</td>
                    <td><a class="xs_gw" href="#"> 加入购物车 </a><a class="xs_gm" href="#"> 立刻
购买 </a></td>
                </tr>
                <tr>
                    <td>1678450<img src="images/bg_xhm.png" /></td>
                    <td><a class="xs_ts" href="#">《摆渡人》</a></td>
                    <td> 畅销欧美 33 个国家，荣获多项图书大奖 </td>
                    <td> 小说 </td>
                    <td>&yen;18.00</td>
                    <td><a class="xs_gw" href="#"> 加入购物车 </a><a class="xs_gm" href="#"> 立刻
购买 </a></td>
                </tr>
                <tr>
                    <!-- <td><img src="images/b_bngd.jpg" /></td> -->
                    <td>1654233<img src="images/bg_xhm.png" /></td>
                    <td><a class="xs_ts" href="#">《百年孤独》</a></td>
                    <td>6 年发行量超 600 万册 </td>
                    <td> 小说 </td>
                    <td>&yen;35.00</td>
                    <td><a class="xs_gw" href="#"> 加入购物车 </a><a class="xs_gm" href="#"> 立刻
购买 </a></td>
```

```
            </tr>
        </tbody>
    </table>
</div>
```

此时，添加其余行后的效果图如图 13-21 所示。

图 13-21　添加其余行后的效果图

(4) 设置表格各列的宽度。在 <thead> 标签前面添加以下代码，设置表格各列的宽度。

```
<div id="main_xs">
    <h1> 热销排行榜 </h1>
    <table id="xsbd" >
            <col width="10%" />          <col width="20%" />          <col width="34%" />
            <col width="8%" />           <col width="8%" />           <col width="20%" />
        <thead>...
```

最终页面效果如图 13-20 所示。

五、总结评价

实训过程性评价表 (小组互评) 如表 13-5 所示。

表 13-5   实训过程性评价表

组别：_____   组员：_____   任务名称：制作"热销排行榜"表格

教学环节	评分细则	第 组
课前预习	基础知识完整、正确（10分）	得分：_____
实施作业	1. 操作过程正确（15分） 2. 基本掌握操作要领（20分） 3. 操作结果正确（25分） 4. 小组分工协作完成（10分）	各环节得分： 1:_____ 2:_____ 3:_____ 4:_____
质量检验	1. 学习态度（5分） 2. 工作效率（5分） 3. 代码编写规范（10分）	1:_____ 2:_____ 3:_____
总分（100分）		

六、课后作业

1. 试结合给出的素材以及本任务中学习的表格方面的内容，制作完整的高中课程表，页面效果如图 13-22 所示。

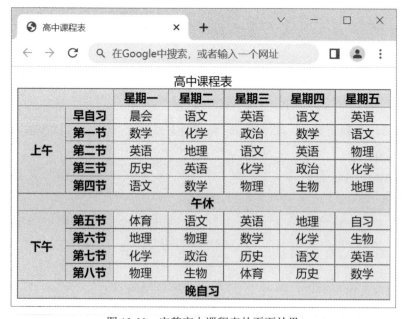

图 13-22   完整高中课程表的页面效果

2. 完成本实训工作页的作业。

3. 预习任务 14。

任务 14 美化"热销排行榜"表格

一、任务引入

在网页中使用表格可以清晰、直观地显示数据。本任务首先介绍 CSS3 中表格的相关样式，然后通过美化"网上书店"页面"热销排行榜"区域的表格，练习使用 CSS3 美化表格的方法。

二、相关知识

1. 表格的 CSS 属性

除了表格标签自带的属性，还可用 CSS 的边框、宽高、颜色等来控制表格样式。CSS 表格属性可以帮助设计者极大地改善表格的外观。常用的 CSS 表格属性如表 14-1 所示。

表 14-1 常用的 CSS 表格属性

属 性	描 述
border	简写属性。在一条声明中设置所有边框属性
border-collapse	规定是否应折叠表格边框
border-spacing	规定相邻单元格之间的边框的距离
caption-side	规定表格标题的位置
empty-cells	规定是否在表格中的空白单元格上显示边框和背景
table-layout	设置用于表格的布局算法

1) border 和 border-collapse 属性

使用 <table> 标签的 border 属性可以为表格设置边框，但是这种方式设置的边框效果并不理想，如果要更改边框的颜色，或改变单元格的边框大小，就会很困难。而使用 CSS 边框样式属性 border，可以轻松地控制表格边框。

例如，设置表格边框，代码如下：

```
<head>
<meta charset="utf-8">
<title>CSS 控制表格边框 </title>
<style type="text/css">
table{
    width:400px;
    height:300px;
    border:1px solid #30F;     /* 设置 table 的边框 */
```

```
    }
th,td{border:1px solid #30F;}   /* 为单元格单独设置边框 */
</style>
</head>
<body>
<table>
<caption> 腾讯手游排行榜 </caption>   <!--caption 定义表格的标题 -->
<tr>
    <th>热游榜 </th>   <th> 游戏名 </th>   <th> 类型 </th>   <th> 特征 </th>
</tr>
<tr>
    <th>1</th>   <td> 王者荣耀 </td>   <td> 策略战棋 </td>   <td>3D 竞技 </td>
</tr>
<tr>
    <th>2</th>   <td> 天龙八部手游 </td>   <td> 角色扮演 </td>   <td>3D 武侠 </td>
</tr>
<tr>
    <th>3</th>   <td> 龙之谷手游 </td>   <td> 角色扮演 </td>   <td>3D 格斗 </td>
</tr>
<tr>
    <th>4</th>   <td> 弹弹堂 </td>   <td> 休闲益智 </td>   <td>Q 版 竞技 </td>
</tr>
<tr>
    <th>5</th>   <td> 火影忍者 </td>   <td> 角色扮演 </td>   <td>2D 格斗 </td>
</tr>
</table>
</body>
```

CSS 控制表格边框效果如图 14-1 所示。

图 14-1　CSS 控制表格边框效果

在上述代码中，定义了一个 6 行 4 列的表格，然后使用内嵌式 CSS 样式表为表格标签 <table> 定义了宽、高和边框样式，并为单元格单独设置相应的边框。如果只设置 <table> 样式，效果图只显示外边框的样式，内部不显示边框。

从图 14-1 中可发现，单元格与单元格的边框之间存在一定的空间。如果要去掉单元格之间的空间得到常见的细线边框效果，就需要使用"border-collapse"属性，使单元格的边框合并，并去除单元格之间默认存在的外边距，具体语法格式如下：

```
border-collapse:separate|collapse;
```

其中，separate 为默认的显示效果；collapse 表示尽可能将单元格边框合并显示。

具体代码如下：

```
table{
    width:400px;
    height:300px;
    border:1px solid #30F;        /* 设置 table 的边框 */
    border-collapse:collapse;      /* 边框合并 */
}
```

保存 HTML 文件，再次刷新页面，效果如图 14-2 所示。 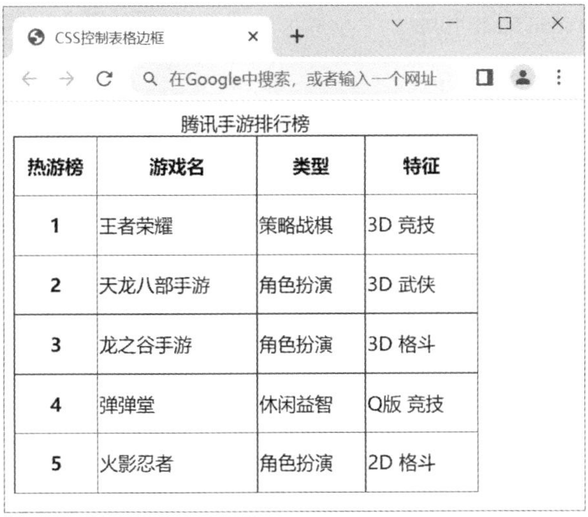

图 14-2　表格的边框合并效果

从图 14-2 中可看出，单元格的边框发生了合并，出现了常见的单线边框效果。border-collapse 属性的属性值除了 collapse(合并)，还有一个属性值 separate(分离)，通常表格中边框都默认为 separate。

注意：

(1) 当表格的 border-collapse 属性设置为 collapse 时，HTML 中设置的 cellspacing 属性值无效。

(2) 行标签 <tr> 无 border 样式属性。

例 14-1　制作普通、粗线与细线表格，其对比效果如图 14-3 所示。

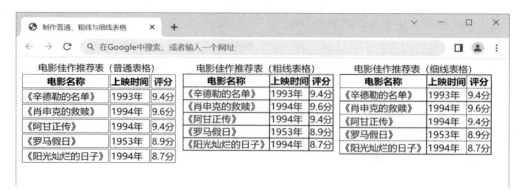

图 14-3 普通、粗线与细线表格的对比效果

相关代码如下：

```
<head>
<meta charset="utf-8">
<title> 制作普通、粗线与细线表格 </title>
<style>
    th,td{
            border: solid black 1px;
    }
    .re,.rec{
            float: left;
            margin-right:10px;
    }
    .coll{
            border-collapse: collapse;
            float: left;
    }
</style>
</head>
<body>
<table class="re">
    <caption> 电影佳作推荐表 ( 普通表格 )</caption>
    <tr><th> 电影名称 </th><th> 上映时间 </th><th> 评分 </th></tr>
    <tr><td>《辛德勒的名单》</td><td>1993 年 </td><td>9.4 分 </td></tr>
    <tr><td>《肖申克的救赎》</td><td>1994 年 </td><td>9.6 分 </td></tr>
    <tr><td>《阿甘正传》</td><td>1994 年 </td><td>9.4 分 </td></tr>
    <tr><td>《罗马假日》</td><td>1953 年 </td><td>8.9 分 </td></tr>
    <tr><td>《阳光灿烂的日子》</td><td>1994 年 </td><td>8.7 分 </td></tr>
```

```
    </table>
    <table class="rec" border="1" cellpadding="0" cellspacing="0">
        <caption> 电影佳作推荐表 ( 粗线表格 )</caption>
        <tr><th> 电影名称 </th><th> 上映时间 </th><th> 评分 </th></tr>
        <tr><td>《辛德勒的名单》</td><td>1993 年 </td><td>9.4 分 </td></tr>
        <tr><td>《肖申克的救赎》</td><td>1994 年 </td><td>9.6 分 </td></tr>
        <tr><td>《阿甘正传》</td><td>1994 年 </td><td>9.4 分 </td></tr>
        <tr><td>《罗马假日》</td><td>1953 年 </td><td>8.9 分 </td></tr>
        <tr><td>《阳光灿烂的日子》</td><td>1994 年 </td><td>8.7 分 </td></tr>
    </table>
    <table class="coll">
        <caption> 电影佳作推荐表 ( 细线表格 )</caption>
        <tr><th> 电影名称 </th><th> 上映时间 </th><th> 评分 </th></tr>
        <tr><td>《辛德勒的名单》</td><td>1993 年 </td><td>9.4 分 </td></tr>
        <tr><td>《肖申克的救赎》</td><td>1994 年 </td><td>9.6 分 </td></tr>
        <tr><td>《阿甘正传》</td><td>1994 年 </td><td>9.4 分 </td></tr>
        <tr><td>《罗马假日》</td><td>1953 年 </td><td>8.9 分 </td></tr>
        <tr><td>《阳光灿烂的日子》</td><td>1994 年 </td><td>8.7 分 </td></tr>
    </table>
    </body>
```

【 提示 】

设置表格整体边框时，如果没有合并单元格边框，那么在去除了单元格的内、外边距之后，单元格边框会紧密相邻，呈现边框加粗的效果。

2) border-spacing 属性

border-spacing 属性设置相邻单元格边框间的距离 (仅用于 "边框分离" 模式)，并指定分隔边框模型中单元格边界之间的距离。在指定的两个长度值中，第一个是水平间隔，第二个是垂直间隔。除非 border-collapse 被设置为 separate，否则将忽略这个属性。尽管这个属性只应用于表格，不过它可以由表格中的所有元素继承，具体语法格式如下：

border-spacing:length||length;

border-spacing 属性的参数 length 是由浮点数字和单位标识符组成的长度值，不可为负值。border-spacing 用于设置当表格边框独立 (border-collapse 属性等于 separate) 时，单元格的边框在横向和纵向上的间距。当只指定一个 length 值时，这个值将作用于横向和纵向上的间距；当指定全部两个 length 值时，第一个作用于横向间距，第二个作用于纵向间距。

例 14-2　使用 border-spacing 属性设置相邻单元格边框间的距离，页面的显示效果如图 14-4 所示。

相关代码如下：

```
<head>
<title>border-spacing 属性 </title>
<style type="text/css">
table.one {
    border-collapse: separate;
    border-spacing: 10px
}
table.two {
    border-collapse: separate;
    border-spacing: 10px 50px
}
</style>
</head>
<body>
<table class="one" border="1">
<tr> <td>ASP 编程 </td>        <td>JSP 编程 </td> </tr>
<tr> <td>PHP 编程 </td>        <td>C# 编程 </td> </tr>
</table>
<br />
<table class="two" border="1">
<tr>
<td>ASP 编程 </td>   <td>JSP 编程 </td>
</tr>
<tr> <td>PHP 编程 </td>        <td>C# 编程 </td> </tr>
</table>
</body>
```

图 14-4　页面的显示效果

前面讲过，在美化表格时，也可以通过使用 <table> 标签的属性 cellpadding 和 cellspacing 分别控制单元格内容与边框之间的距离以及相邻单元格边框之间的距离。这种方式与盒子模型中设置内外边距非常类似。那么，使用 CSS 对单元格设置内边距 padding 和外边距 margin 样式，能不能实现这种效果呢？

例如，新建一个 3 行 3 列的简单表格，使用 CSS 控制表格样式，代码如下：

```
<head>
<meta charset="utf-8">
<title>CSS 控制单元格边距 </title>
```

```
<style type="text/css">
table{
    border:1px solid #30F;          /* 设置 table 的边框 */
}
th,td{
    border:1px solid #30F;          /* 为单元格单独设置边框 */
    padding:50px;                   /* 为单元格内容与边框之间设置 20px 的内边距 */
    margin:50px;                    /* 为单元格与单元格边框之间设置 20px 的外边距 */
}
</style>
</head>
<body>
<table>
 <tr>  <th> 游戏名称 </th>  <th> 类型 </th>  <th> 特征 </th>  </tr>
 <tr>  <th> 王者荣耀 </th>  <td> 策略战棋 </td>  <td>3D 竞技 </td>
 </tr>
 <tr>  <th> 天龙八部手游 </th>  <td> 角色扮演 </td>  <td>3D 武侠 </td>  </tr>
</table>
</body>
```

运行上述代码，页面效果如图 14-5 所示。

图 14-5 CSS 控制单元格边距的页面效果

从图 14-5 中可以看出，单元格内容与边框之间拉开了一定距离，但是相邻单元格之间的距离没有任何变化。也就是说，对单元格设置的外边距属性 margin 没有生效。

可以得出，设置单元格内容与边框之间的距离，可以对 <th> 和 <td> 标签应用内边距属性 padding，或对 <table> 标签应用 HTML 标签属性 cellpadding。而 <th> 和 <td> 标签无外边距属性 margin，要想设置相邻单元格边框之间的距离，只能对 <table> 标签应用 HTML 标签属性 cellspacing 或 CSS 表格属性 border-spacing。

3) caption-side 属性

caption-side 属性用于设置表格标题的位置，具体语法格式如下：

```
 caption-side:top| bottom| inherit
```

其中，top 为默认值，把表格标题定位在表格之上；bottom 把表格标题定位在表格之下；inherit 规定应该从父元素继承 caption-side 属性的值。

例 14-3　制作第四季度工资单，页面效果如图 14-6 所示。

制作过程如下：

(1) 创建 HTML 文档，在 <body> 标签中输入以下代码，构建第四季度工资单表格结构。

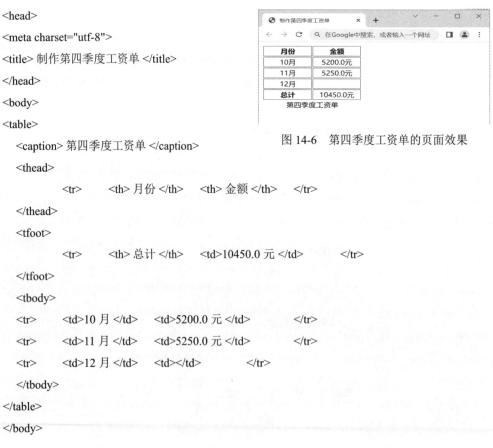

图 14-6　第四季度工资单的页面效果

```
<head>
<meta charset="utf-8">
<title> 制作第四季度工资单 </title>
</head>
<body>
<table>
    <caption> 第四季度工资单 </caption>
    <thead>
            <tr>      <th> 月份 </th>    <th> 金额 </th>    </tr>
    </thead>
    <tfoot>
            <tr>      <th> 总计 </th>    <td>10450.0 元 </td>        </tr>
    </tfoot>
    <tbody>
        <tr>    <td>10 月 </td>    <td>5200.0 元 </td>          </tr>
        <tr>    <td>11 月 </td>    <td>5250.0 元 </td>          </tr>
        <tr>    <td>12 月 </td>    <td></td>            </tr>
    </tbody>
</table>
</body>
```

(2) 在 <head> 标签中添加 <style> 标签，并输入以下代码，设置表格中单元格的样式，以及表格标题显示在表格左侧。

```
<style>
    th,td{
            width:100px;
            text-align: center;
            border: solid 1px black;
    }
    table{
            caption-side: bottom;
    }
</style>
```

【提示】

火狐浏览器支持将表格标题显示在表格左侧或右侧，对应的 caption-side 属性值为 left 与 right。

4) empty-cells 属性

empty-cells 属性用于设置当表格的单元格无内容时，是否显示该单元格的边框。该属性定义了不包含任何内容的表格单元格如何表示。如果显示，就会绘制出单元格的边框和背景。除非 border-collapse 设置为 separate，否则将忽略这个属性，具体语法格式如下：

```
empty-cells:hide| show
```

其中，参数 show 为默认值，表示当表格的单元格无内容时显示单元格的边框；hide 表示当表格的单元格无内容时隐藏单元格的边框。

例 14-4　使用 empty-cells 属性设置当表格的单元格无内容时，隐藏该单元格的边框，页面的显示效果如图 14-7 所示。

相关代码如下：

```
<head>
<title>empty-cells 属性 </title>
<style type="text/css">
table
{
    border-collapse: separate;
    empty-cells: hide;
}
</style>
</head>
<body>
<table border="1">
    <tr>    <td>ASP 编程 </td>        <td>JSP 编程 </td>            </tr>
```

图 14-7　页面的显示效果

```
<tr>        <td>PHP 编程 </td>        <td></td>        </tr>
</table>
</body>
```

5) table-layout 属性

table-layout 属性用来显示表格的单元格、行、列的算法规则，具体语法格式如下：

```
table-layout: automatic| fixed
```

其中，参数 automatic 是默认参数，列宽度由单元格内容设定；fixed 列宽由表格宽度和列宽度设定。

表格的单元格、行、列的算法规则有两种：

(1) 固定表格布局。固定表格布局与自动表格布局相比，允许浏览器更快地对表格进行布局。在固定表格布局中，水平布局仅取决于表格宽度、列宽度、表格边框宽度、单元格间距，而与单元格的内容无关。通过使用固定表格布局，用户代理在接收到第一行后就可以显示表格。

(2) 自动表格布局。在自动表格布局中，列的宽度是由列单元格中没有折行的最宽的内容设定的。此算法有时会较慢，这是由于它需要在确定最终的布局之前访问表格中所有的内容。

例如，新建一个 1 行 3 列的简单表格，使用 CSS 控制表格样式，代码如下：

```
<head>
<style type="text/css">
table.one{table-layout: automatic}
table.two{table-layout: fixed}
</style>
</head>
<body>
<table class="one" border="1" width="100%">
<tr>
<td width="20%">100000000000000000000000000000</td>
<td width="40%">10000000</td>
<td width="40%">100</td>
</tr>
</table>
<br />
<table class="two" border="1" width="100%">
<tr>
<td width="20%">100000000000000000000000000000</td>
<td width="40%">10000000</td>
<td width="40%">100</td>
</tr>
```

```
</table>
</body>
```

运行上述代码，页面效果如图 14-8 所示。

图 14-8　页面效果

2. 制作圆角表格

圆角表格是表格常用的表现形式，CSS 中常使用 border-radius 属性设置表格的圆角。

例 14-5　制作圆角表格，页面效果如图 14-9 所示。

2020年一季度GDP初步核算数据

	绝对额（亿元）	比上年同期增长（%）
总额	206504	-6.8
第一产业	10186	-3.2
第二产业	73638	-9.6
第三产业	122680	-5.2
细节		
农林牧渔业	10708	-2.8
工业	64642	-8.5
制造业	53852	-10.2
建筑业	9378	-17.5
批发和零售业	18750	-17.8
交通运输、仓储和邮政业	7865	-14.0
住宿和餐饮业	2821	-35.3
金融业	21347	6.0
房地产业	15268	-6.1
信息传输、软件和信息技术服务业	8928	13.2
租赁和商务服务业	7138	-9.4
其他服务业	39660	-1.8

注：
1.绝对额按现价计算，增长速度按不变价计算；
2.三次产业分类依据国家统计局2018年修订的《三次产业划分规定》；
3.行业分类采用《国民经济行业分类（GB/T 4754 - 2017）》；
4.本表GDP总量数据中，有的不等于各产业（行业）之和，是由于数值修约误差所致，未作机械调整。

图 14-9　圆角表格的页面效果

制作过程如下：

(1) 编辑 HTML 代码，制作基础表格，代码如下：

```
<head>
    <meta charset="utf-8">
    <title> 制作圆角表格 </title>
```

```
</head>
<body>
  <table summary="2020 年一季度 GDP 初步核算数据 " class="gdp_1">
    <caption>2020 年一季度 GDP 初步核算数据 </caption>
    <thead>
      <tr>
        <th></th><th> 绝对额（亿元 )</th><th> 比上年同期增长 (%)</th>
      </tr>
    </thead>
    <tfoot>
      <tr>
        <td colspan="3">
          <div>
            <p> 注：<br />1. 绝对额按现价计算，增长速度按不变价计算；<br />2. 三次产业分
类依据国家统计局 2018 年修订的《三次产业划分规定》；<br />3. 行业分类采用《国民经济行业分类 (GB/
T 4754 － 2017)》；<br />4. 本表 GDP 总量数据中，有的不等于各产业（行业 ) 之和，是由于数值修约
误差所致，未作机械调整。</p>
          </div>
        </td>
      </tr>
    </tfoot>
    <tbody>
      <tr>
        <td> 总额 </td><td>206504</td><td>-6.8</td>
      </tr>
      tr>
        <td> 第一产业 </td><td>10186</td><td>-3.2</td>
      </tr>
      <tr>
        <td> 第二产业 </td><td>73638</td><td>-9.6</td>
      </tr>
      <tr>
        <td> 第三产业 </td><td>122680</td><td>-5.2</td>
      </tr>
      <tr>
        <td colspan="3" id="de"> 细节 </td>
      </tr>
      <tr>
```

```
        <td> 农林牧渔业 </td><td>10708</td><td>-2.8</td>
      </tr>
      <tr>
        <td> 工业 </td><td>64642</td><td>-8.5</td>
      </tr>
      <tr>
        <td> 制造业 </td><td>53852</td><td>-10.2</td>
      </tr>
      <tr>
        <td> 建筑业 </td><td>9378</td><td>-17.5</td>
      </tr>
      <tr>
        <td> 批发和零售业 </td><td>18750</td><td>-17.8</td>
      </tr>
      <tr>
        <td> 交通运输、仓储和邮政业 </td><td>7865</td><td>-14.0</td>
      </tr>
      <tr>
        <td> 住宿和餐饮业 </td><td>2821</td><td>-35.3</td>
      </tr>
      <tr>
        <td> 金融业 </td><td>21347</td><td>6.0</td>
      </tr>
      <tr>
        <td> 房地产业 </td><td>15268</td><td>-6.1</td>
      </tr>
      <tr>
        <td> 信息传输、软件和信息技术服务业 </td><td>8928</td><td>13.2</td>
      </tr>
      <tr>
        <td> 租赁和商务服务业 </td><td>7138</td><td>-9.4</td>
      </tr>
      <tr>
        <td> 其他服务业 </td><td>39660</td><td>-1.8</td>
      </tr>
    </tbody>
  </table>
</body>
```

(2) 在 <style> 标签中输入以下代码，设置表格的圆角、阴影等样式。

```
.gdp_1{
    border-collapse: collapse;
    box-shadow: 0 1px 1px #7F7F7F, 1px 0 1px #7F7F7F, 0 -1px 1px #7F7F7F, -1px 0 1px #7F7F7F;
    border-radius:10px;
}
.gdp_1 caption{
    font-size: 1.2em;
    font-weight: bold;
}
.gdp_1 td,th{
    width:280px;
    /* border:solid 1px #A0AAAA; */
    border-top:solid 1px #A0AAAA;
    border-left:solid 1px #A0AAAA;
}
.gdp_1 tr td{
    text-align: center;
}
#de{
    height: 30px;
    text-align: center;
    background-color: #DEEDED;
    font-weight: bold;
}
.gdp_1 th{
    height: 40px;
    background-color: #DEEDED;
    border-top: none;
}
.gdp_1 tbody tr td:first-child{
    text-align: left;
    text-indent: 1em;
}
.gdp_1 tfoot td{
    text-align: left;
    background-color: #DEEDED;
}
.gdp_1 td:first-child, .gdp_1 th:first-child { border-left: none; }
```

```
.gdp_1 th:first-child{
    border-radius:10px 0 0 0;
}
.gdp_1 th:last-child{
    border-radius:0 10px 0 0;
}
.gdp_1 tfoot td{
    border-radius:0 0 10px 10px ;
}
```

【提示】

由于各相邻单元格之间存在共用边框的现象，在为 <th> 和 <td> 标签设置 border 属性后会显示各单元格的所有边框，也就是会出现重复设置边框的现象，为解决该问题，可以只设置单元格的两条边框，如上边框与左边框或下边框与右边框，之后再根据需要进行其他设置。

设置表格样式时需要考虑样式的层叠性，默认情况下，应用样式后优先级显示为 td>th>tr>thead、tfoot、tbody>col>colgroup>table。

3. 制作自适应表格

自适应表格是指当浏览器窗口宽度变化时，能够自动调节显示方式的表格。制作这类表格需要使用响应式布局的媒体查询功能"@media"，它可以查询设备的屏幕宽度、高度等，在其基础上设置表格样式即可实现自适应表格。

例 14-6　制作可自动隐藏列的自适应表格，页面效果如图 14-10 所示。

图 14-10　自适应表格的页面效果

制作过程如下：

(1) 编辑 HTML 代码，制作基础表格，代码如下：

```
<head>
    <meta charset="utf-8">
    <title> 制作自适应表格 </title>
</head>
<body>
    <table>
        <caption> 学生成绩表 </caption>
        <thead>
        <tr>
            <th id="name"> 姓名 </th><th id="yw"> 语文 </th>
            <th id="sx"> 数学 </th><th id="yy"> 英语 </th>
            <th id="kx"> 科学 </th><th id="sum"> 总分 </th>
            <th id="avg"> 平均分 </th><th id="grade"> 等级 </th>
        </tr>
        </thead>
        <tfoot>
        <tr>
            <td colspan="8"> 取得 A 的人数：3</td>
        </tr>
        </tfoot>
        <tbody>
        <tr>
            <td> 刘萌萌 </td><td>92</td><td>96</td><td>99</td>
<td>90</td><td>377</td><td>94.25</td><td>A</td>
        </tr>
        <tr>
            <td> 张帅 </td><td>85</td><td>98</td><td>86</td>
            <td>89</td><td>358</td><td>89.5</td><td>B</td>
        </tr>
        <tr>
            <td> 董鹏 </td><td>96</td><td>90</td><td>76</td>
            <td>85</td><td>347</td><td>86.75</td><td>B</td>
        </tr>
        <tr>
            <td> 李玉 </td><td>89</td><td>91</td><td>71</td>
            <td>91</td><td>342</td><td>85.5</td><td>B</td>
        </tr>
```

```
        <tr>
            <td> 谭笑 </td><td>79</td><td>77</td><td>84</td>
            <td>76</td><td>316</td><td>79</td><td>C</td>
        </tr>
        <tr>
            <td> 金志华 </td><td>88</td><td>93</td><td>98</td>
            <td>99</td><td>378</td><td>94.5</td><td>A</td>
        </tr>
        <tr>
            <td> 邓晓 </td><td>95</td><td>97</td><td>89</td>
            <td>83</td><td>364</td><td>91</td><td>A</td>
        </tr>
    </tbody>
  </table>
</body>
```

(2) 在 <style> 标签中输入以下代码，设置表格的圆角、阴影等样式。

```
table{
    border-collapse: collapse;
}
th,tfoot td{
    height: 30px;
    background-color: beige;
}
td{
    text-align: center;
    width: 100px;
}
@media only screen and (max-width: 640px) {
  #avg,td:nth-child(7) {
    display: none;
    visibility: hidden;
  }
}
@media only screen and (max-width: 420px) {
  #yw, tr td:nth-child(2) {display: none;visibility: hidden;}
  #sx, tr td:nth-child(3) {display: none;visibility: hidden;}
  #yy, tr td:nth-child(4) {display: none;visibility: hidden;}
  #kx, tr td:nth-child(5) {display: none;visibility: hidden;}
}
```

【提示】

"visibility:hidden;"表示设置该元素不可见。

4. 制作隔行换色表格

隔行换色是表格的一种经典样式，它可以提升用户浏览数据的速度与准确度。隔行换色表格的实现原理是，分别设置表格奇数行与偶数行的背景颜色和文本颜色。

当表格数据过多时，逐个添加 class 属性会增加 HTML5 文档的代码量，不利于网页的运行与维护。此时，可以使用结构选择器直接匹配表格中的奇数行与偶数行，以简化网页代码。

常用于设置隔行换色的结构选择器为":nth-child()"，参数 odd 表示奇数，even 表示偶数。此外，还可以使用公式表示参数。例如，"2n+1"与"2n"分别表示奇数与偶数，其中"n"表示计数器，从 0 开始计数。使用公式还能制作更多具有规律的样式。例如，设置每 3 行一循环的表格样式，参数分别为"3n""3n+1""3n+2"。

例 14-7　制作产品目录，页面效果如图 14-11 所示。

图 14-11　产品目录的页面效果

制作过程如下：

(1) 先确定表格的 HTML 结构，代码如下：

```
<head>
    <title>产品目录 - 斑马纹效果 </title>
</head>
<body>
    <table cellspacing="0">
        <caption>Product List</caption>
        <thead>
            <tr>
```

```
            <th>product</th><th>ID</th><th>Country</th><th>Price</th>
            <th>Color</th><th>weight</th>
        </tr>
    </thead>
    <tbody>
        <tr>
            <th>Computer</th><td>C184645</td><td>China</td>
            <td>$3200.00</td><td>Black</td><td>5.20kg</td>
        </tr>
        <tr>
            <th>TV</th><td>T 965874</td><td>Germany</td>
            <td>$299.95</td><td>White</td><td>15.20kg</td>
        </tr>
        <tr>
            <th>Phone</th><td>P494783</td><td>France</td><td>$34.80</td>
            <td>Green</td><td>0.90kg</td>
        </tr>
        <tr>
            <th>Recorder</th><td>R349546</td><td>China</td>
            <td>$111.99</td><td>Silver</td><td>0.30kg</td>
        </tr>
        <tr>
            <th>Washer</th><td>W454783</td><td>Japan</td>
            <td>$240.80</td><td>White</td><td>30.90kg</td>
        </tr>
        <tr>
            <th>Freezer</th><td>F783990</td><td>China</td>
            <td>$191.68</td><td>blue</td><td>32.80kg</td>
        </tr>
    </tbody>
    <tfoot>
        <tr>
            <th>Total</th><th colspan="5">6 products</th>
        </tr>
    </tfoot>
</table>
</body>
```

在这个表格中，使用的标记从上到下依次为 <caption>、<thead>、<tbody> 和 <tfoot>，在浏览器中的效果如图 14-12 所示。

图 14-12   没有设置任何样式的表格效果

(2) 对表格的整体及其标题进行设置，代码如下：

```
table {
    border: 1px #333 solid;
    font: 12px arial;
    width: 500px
}
table caption {
    font-size: 24px;
    line-height: 36px;
    color: white;
    background: #777;
}
```

设置了部分属性的表格样式效果如图 14-13 所示。可以看到，整体的文字样式和标题的样式已经被设置好了。

图 14-13   设置了部分属性的表格样式效果

(3) 设置单元格的样式，应先分别设置 tbody 以及 thead 与 tfoot 部分的行背景颜色，代码如下：

```
tbody tr {background-color: #CCC;}
thead tr,tfoot tr {background: white;}
```

然后设置单元格的内边距和边框属性，以实现立体效果，代码如下：

```
td,th {
    padding: 5px;
    border: 2px solid #EEE;
    border-bottom-color: #666;
    border-right-color: #666;
}
```

设置单元格样式的效果如图 14-14 所示。

图 14-14　设置单元格样式的效果

(4) 实现斑马纹效果。为使显示效果更明显，可以设置数据内容的背景颜色为深浅交替，以实现隔行变色。这种效果又被称为"斑马纹效果"。在 CSS 中，实现隔行变色的方法十分简单，只要使用结构伪类选择器，给偶数行的 <r> 标记添加相应的 CSS 设置即可，代码如下：

```
tbody tr:nth-child(even) {background-color: #AAA;}
```

斑马纹效果如图 14-15 所示。这里，交替的两种颜色可以使表格更美观，尤其当表格的行列很多时，可以使浏览者不易看错行。

图 14-15　斑马纹效果

(5) 设置列样式。下面对列作一些细节设置。例如，在 Price 列和 weight 列中的数据是数值，如果能够使它们右对齐，则更便于浏览者理解。如果要使这两列中的数据右对齐，其他列都使用居中对齐的方式，则先将所有列都设置为居中对齐，然后使用选择器选中 Price 列和 weight 列，使它们的数据分别右对齐，代码如下：

```
tr {text-align: center;}
tr td:nth-child(4), tr td:nth-child(6) {text-align: right;}
```

设置列对齐方式的效果如图 14-16 所示。

图 14-16　设置列对齐方式的效果

可以看到，这两列中的数据为右对齐。

三、资源准备

1. 教学设备与工具

(1) 两台电脑 / 组；

(2) U 盘、相关的软件 (Dreamweaver/HBuilder X)。

2. 职位分工

职位分工表如表 14-2 所示。

表 14-2　职 位 分 工 表

职　位	小组成员 (姓名)	工 作 分 工	备　注
组长 A			
组员 B			小组角色由组长进行统一安排。下一个项目角色职位互换，以提升综合职业能力
组员 C			
组员 D			
组员 E			

四、实践操作——美化"网上书店"页面"热销排行榜"区域的表格

案例 14　美化
"热销排行榜"表格

1. 任务引入、效果图展示

本任务通过美化"网上书店"页面"热销排行榜"区域的表格，练习使用 CSS3 设置表格样式的方法。任务效果图如图 14-17 所示。

图 14-17　任务效果图

2. 任务分析

分析"网上书店"页面的"热销排行榜"区域的构成元素，并将其拆解为几个部分，然后分析各部分使用了哪些 HTML5 标记及应用了哪些 CSS 样式。具体如下：

(1) 对 table 设置整体样式，即设置表格的宽度、外边距、文本颜色等属性。

(2) 设置普通单元格 td 的高度、内外边距与边框等属性。

(3) 设置表头 th 的高度、字号、文本颜色等属性。

(4) 设置表格中 <a> 标记的样式，即去除下画线，设置文本颜色、第 5 列单元格的文本颜色等效果。

(5) 使用设置隔行换色的结构选择器 ":nth-child()"，为表格设置隔行换色效果。

3. 任务实现

(1) 打开配套素材 HTML 文档。在编辑器中打开本任务配套素材"任务 14"→"素材"→"main.html"文档与"main.css"文档。

(2) 在样式文档中添加以下代码，设置表格的整体样式。

```
#main_xs table{
    color: #676767;
```

```
        text-align: center;

        border-collapse:collapse;

        width: 900px;

        margin:10px auto;

        background-color: #FFFFFF;

        border-radius: 10px;

    }

#xsbd td{

        padding: 2px;

        margin: 0px;

        border:solid 1px #E2E8E2;

        height: 50px;

    }

#xsbd th{

        height: 40px;

        font-size: 1.2em;

        color: #FFFFFF;

        border: solid 1px #F3F3F3;

        background-image:linear-gradient(#FEFFDC,#697A5B);

        text-shadow:1px 2px 1px #697A5B,-1px 2px 1px #697A5B;

    }
```

(3) 在样式文档中添加以下代码，设置超链接与单元格的样式。

```
#xsbd a{

        display:block;

        text-decoration: none;

    }

#xsbd tfoot a{

        color: #868686;

    }

#xsbd tfoot a:hover{

        color: #868686;

        text-decoration: underline;

    }

#xsbd tbody tr td:nth-child(5){

        color: #950000;

    }

#xsbd tbody tr:nth-child(2n){

        background-color: #FEFFEF;
```

```
}
#xsbd tbody tr:nth-child(2n+1){
    background-color: #F9FFFE;
}
#xsbd tbody .xs_ts{
    color: #4F5062;
}
#xsbd tbody .xs_ts:hover{
    color: #FFAD69;
    text-decoration: underline;
}
```

(4) 在样式文档中添加以下代码，制作按钮样式的超链接。

```
#xsbd tbody .xs_gw {
    float: left;
    padding: 10px 10px 10px 8px;
    font-size: 0.85em;
    font-weight: bold;
    color: #FFFFFF;
    text-shadow: 1px 2px 1px #0E4D09, -1px 2px 1px #0E4D09;
    background: url(images/bg_jrgwc.png) no-repeat left center;
}
```

/* 设置"加入购物车"按钮的超链接向左浮动，设置内边距、字号、字体加粗、文本颜色，添加文本阴影与背景图像 */

```
#xsbd tbody .xs_gm {
    float: left;
    padding: 10px 20px 10px 13px;
    font-size: 0.85em;
    font-weight: bold;
    color: #FFFFFF;
    text-shadow: 1px 2px 1px #7F7F3F, -1px 2px 1px #7F7F3F;
    background: url(images/bg_lkgm.png) no-repeat left center;
}
```

/* 设置"立刻购买"按钮的超链接向左浮动，设置内边距、字号、字体加粗、文本颜色，添加文本阴影与背景图像 */

五、总结评价

实训过程性评价表（小组互评）如表 14-3 所示。

表 14-3　实训过程性评价表

组别：＿＿＿＿＿＿＿　　组员：＿＿＿＿＿＿＿＿＿　　任务名称：美化"热销排行榜"表格

教 学 环 节	评 分 细 则	第　　　　组
课前预习	基础知识完整、正确 (10 分)	得分：＿＿＿＿＿
实施作业	1. 操作过程正确 (15 分) 2. 基本掌握操作要领 (20 分) 3. 操作结果正确 (25 分) 4. 小组分工协作完成 (10 分)	各环节得分： 1：＿＿＿＿＿ 2：＿＿＿＿＿ 3：＿＿＿＿＿ 4：＿＿＿＿＿
质量检验	1. 学习态度 (5 分) 2. 工作效率 (5 分) 3. 代码编写规范 (10 分)	1：＿＿＿＿＿ 2：＿＿＿＿＿ 3：＿＿＿＿＿
总分 (100 分)		

六、课后作业

1. 试结合给出的素材以及本任务中学习的 CSS 美化表格方面的内容，制作"HTML5
网上学习"页面，效果如图 14-18 所示。

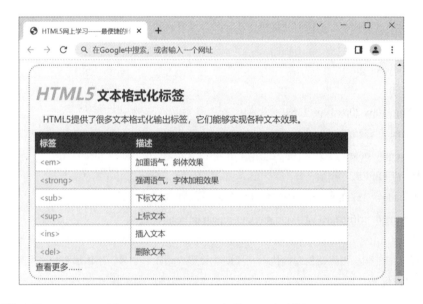

图 14-18　"HTML5 网上学习"页面效果

2. 完成本实训工作页的作业。

3. 预习任务 15。

项目五　应用和美化表单

知识目标

(1) 了解表单的功能和基本结构，能够快速创建表单。

(2) 掌握表单相关元素的使用方法，能够准确定义不同的表单控件。

(3) 掌握表单对象分组的方法，并掌握 input 元素的其他属性。

(4) 掌握表单的其他元素 (包括多行文本域、下拉列表、datalist 元素) 的使用方法以及表单属性。

技能目标

(1) 能够熟练利用相关标签快速创建表单，并定义各种表单控件。

(2) 能够利用 CSS 美化表单。

思政目标

(1) 在教师讲解各类表单元素过程中，引导学生体会表单需要依赖多个表单元素之间传递参数，才能共同实现某个功能，由此引申出新时代中国特色社会主义思想中有关 "人类命运共同体" 的思想和含义，增强学生对这一理念的认知。

(2) 通过课堂练习，要求学生在学习中坚持问题导向，要敢于正视问题、善于发现问题，坚持用辩证唯物主义和历史唯物主义方法，具体问题具体分析。

任务 15　制作"反馈意见"页面

一、任务引入

通过学习，小 H 已经掌握了很多网页设计和美化的方法，自己也能独立地制作页面了，他很有成就感。但是，他还有一个大大的疑惑，就是网站上那些可以填写个人信息并且能够进行提交的网页是怎么制作的呢？比如注册页面、登录页面、问卷调查类页面等。通过上网搜索，小 H 知道这种类型的页面需要通过"表单"来实现。那什么是表单，怎样制作带有表单内容的页面，以及怎样对这类页面进行美化？

二、相关知识

1. 认识表单

表单是 HTML 网页中的重要元素，它收集来自用户的信息，并将信息发送给服务器端程序来进行处理，以实现网上注册、网上登录、网上交易等多种功能。简单地说，表单是网页上用于输入信息的区域，可以实现网页与用户的交互、沟通。

1) 表单的构成

在 HTML 中，一个完整的表单通常由表单控件 (也称为表单元素)、提示信息和表单域 3 个部分构成，如图 15-1 所示。

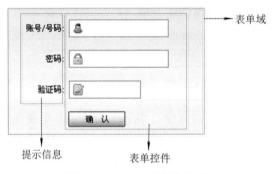

图 15-1　HTML 表单的构成

表单控件：包含具体的表单功能项，如单行文本输入框、密码输入框、复选框、提交按钮、重置按钮等。

提示信息：一个表单通常还需要包含一些说明性的文字，提示用户进行填写和操作。

表单域：相当于一个容器，用来容纳所有的表单控件和提示信息，可以通过它定义处理表单数据所用程序的 URL 地址，以及数据提交到服务器的方法。如果不定义表单域，表单中的数据就无法传送到后台服务器。

2) 创建表单

在 HTML 中，<form></form> 标记被用于定义表单域，即创建一个表单，以实现用户信息的收集和传递。<form> </form> 中的所有内容都会被提交给服务器。创建表单的基本语法格式如下：

```
<form action="URL 地址 " method=" 提交方式 " name=" 表单名称 ">
    各种表单控件
</form>
```

2. 表单属性

在 HTML5 中，表单拥有多个属性，通过设置表单属性可以实现提交方式、自动完成、表单验证等不同的表单的功能。

1) action 属性

在表单收集到信息后，需要将信息传递给服务器进行处理。action 属性用于指定接收并处理表单数据的服务器程序的 URL 地址。

例如：

```
<form action="form_action.asp">
```

上面代码表示当提交表单时，表单数据会传送到名为 "form_action.asp" 的页面去处理。action 的属性值可以是相对路径或绝对路径，还可以为接收数据的 E-mail 邮箱地址。

例如：

```
<form action=mailto:htmlcss@163.com>
```

上面代码表示当提交表单时，表单数据会以电子邮件的形式传递出去。

2) method 属性

method 属性用于设置表单数据的提交方式，其取值为 get 或 post。在 HTML5 中，可以通过 <form> 标记的 method 属性指明表单服务器处理数据的方法，代码如下：

```
<form action="form_action.asp" method="get">
```

在上面的代码中，get 为 method 属性的默认值。采用 get 方式，提交的数据将显示在浏览器的地址栏中，保密性差且有数据量的限制。而 post 方式的保密性好且无数据量的限制，所以使用 method="post" 可以大量地提交数据。

3) name 属性

name 属性用于指定表单的名称，以区分同一个页面中的多个表单。

4) autocomplete 属性

autocomplete 属性用于指定表单是否有自动完成功能。所谓"自动完成"，是指将表单控件输入的内容记录下来，当再次输入时，会将输入的历史记录显示在一个下拉列表里，以实现自动完成输入。autocomplete 属性有两个值，on 表示表单有自动完成功能，off 表示表单无自动完成功能。

5) novalidate 属性

novalidate 属性指定在提交表单时取消对表单进行有效的检查。为表单设置该属性时，可以关闭整个表单的验证，这样可以使 form 内的所有表单控件不被验证。

3. input 元素及属性

<input /> 元素是表单中最常见的元素，网页中常见的文本框、单选按钮、复选框等都是通过它定义的。在 HTML5 中，<input /> 标记拥有多种输入类型及相关属性。input 元素及属性如表 15-1 所示。

表 15-1   input 元素及属性

属 性	属 性 值	描 述
type	text	单行文本输入框
	password	密码输入框
	radio	单选按钮
	checkbox	复选框
	button	普通按钮
	submit	提交按钮
	reset	重置按钮
	image	图像形式的提交按钮
	hidden	隐藏域
	file	文件域
	email	E-mail 地址的输入域
	url	URL 地址的输入域
	number	数值的输入域
	range	一定范围内数字值的输入域
	Date pickers (date,month,week,time, datetime,datetime-local)	日期和时间的输入类型
	search	搜索框
	color	颜色输入类型
	tel	电话号码输入类型
name	由用户自定义	控件的名称
value	由用户自定义	input 控件中的默认文本值
size	正整数	input 控件在页面中的显示宽度
readonly	readonly	该控件内容为只读 (不能编辑修改)
disabled	disabled	第一次加载页面时禁用该控件 (显示为灰色)
checked	checked	定义选择控件默认被选中的项
maxlength	正整数	控件允许输入的最多字符数
autocomplete	on/off	设定是否自动完成表单字段内容
autofocus	autofocus	指定页面加载后是否自动获取焦点
form	form 元素的 id	设定字段隶属于哪一个或多个表单
multiple	multiple	指定输入框是否可以选择多个值
list	datalist 元素的 id	指定字段的候选数据值列表
min、max 和 step	数值	规定输入框所允许的最大值、最小值及间隔
pattern	字符串	验证输入的内容是否与定义的正则表达式匹配
placeholder	字符串	为 input 类型的输入框提供一种提示
required	required	规定输入框填写的内容不能为空

1) input 元素的 type 属性

(1) 单行文本输入框 <input type="text" />。单行文本输入框常用来输入简短的信息，如用户名、账号、证件号码等。单行文本输入框常用的属性有 name、value、maxlength。

(2) 密码输入框 <input type="password" />。密码输入框用来输入密码，其内容将以圆点的形式显示。

(3) 单选按钮 <input type="radio" />。单选按钮用于单项选择，在定义单选按钮时，必须为同一组中的选项指定相同的 name 值，这样"单选"才会生效。

(4) 复选框 <input type="checkbox" />。复选框常用于多项选择，如选择兴趣、爱好等。可以对复选框应用 checked 属性，指定默认选中项。

(5) 普通按钮 <input type="button" />。普通按钮常常配合 JavaScript 脚本语言使用，初学者了解即可。

(6) 提交按钮 <input type="submit" />。提交按钮是表单中的核心控件，用户完成信息的输入后，一般都需要单击提交按钮才能完成表单数据的提交。可以对提交按钮应用 value 属性，以改变提交按钮上的默认文本。

(7) 重置按钮 <input type="reset" />。当用户输入的信息有误时，可单击重置按钮，取消已输入的所有表单信息。可以对重置按钮应用 value 属性，以改变重置按钮上的默认文本。

(8) 图像形式的提交按钮 <input type="image" />。图像形式的提交按钮用图像替代了默认的按钮，外观上更加美观。需要注意的是，必须为其定义 src 属性指定图像的 URL 地址。

(9) 隐藏域 <input type=" hidden" />。隐藏域对于用户是不可见的，通常用于后台的程序，初学者了解即可。

(10) 文件域 <input type="file" />。当定义文件域时，页面中将出现一个文本框和一个"浏览 ..."按钮，用户可以通过填写文件路径或直接选择文件的方式，将文件提交给后台服务器。

(11) E-mail 地址的输入域 (email 类型)<input type="email" />。email 类型的 input 元素是一种专门用于输入 E-mail 地址的文本输入框，用来验证 email 输入框的内容是否符合 E-mail 邮件地址格式。如果不符合，将提示相应的错误信息。

(12) URL 地址的输入域 (url 类型)<input type="url" />。url 类型的 input 元素是一种用于输入 URL 地址的文本框。如果所输入的内容是 URL 地址格式的文本，则会提交数据到服务器；如果输入的内容不符合 URL 地址格式，则不允许提交，并且会有提示信息。

(13) 电话号码输入类型 (tel 类型)<input type="tel" />。tel 类型用于提供输入电话号码的文本框。由于电话号码的格式千差万别，很难实现一个通用的格式，因此，tel 类型通常会和 pattern 属性配合使用。

(14) 搜索框 (search 类型)<input type="search" />。search 类型是一种专门用于输入搜索关键词的文本框，它能自动记录一些字符，例如站点搜索或者 Google 搜索。在用户输入内容后，其右侧会附带一个删除图标，单击这个图标按钮可以快速清除内容。

(15) 颜色输入类型 (color 类型)<input type="color" />。color 类型用于提供设置颜色的文本框，实现一个 RGB 颜色输入。其基本形式是 #RRGGBB，默认值为 #000000，通过 value 属性值可以更改默认颜色。单击 color 类型文本框，可以快速打开拾色器面板，方便用户可视化选取一种颜色。

(16) 数值的输入域 (number 类型)<input type="number" />。number 类型的 input 元素用于提供输入数值的文本框。在提交表单时，会自动检查该输入框中的内容是否为数字。如果输入的内容不是数字或者数字不在限定范围内，则会出现错误提示。

number 类型的输入框可以对输入的数字进行限制，规定允许的最大值和最小值、合法的数字间隔或默认值等。具体属性说明如下：

value：指定输入框的默认值。

max：指定输入框可以接受的最大的输入值。

min：指定输入框可以接受的最小的输入值。

step：输入域合法的间隔，如果不设置，默认值是 1。

(17) 一定范围内数字值的输入域 (range 类型)<input type="range" />。range 类型的 input 元素用于提供一定范围内数值的输入范围，在网页中显示为滑动条。它的常用属性与 number 类型一样，通过 min 属性和 max 属性，可以设置最小值与最大值；通过 step 属性指定每次滑动的步幅。

(18) 日期和时间的输入 (Date pickers 类型)<input type= date, month, week…" />。Date pickers 类型是指时间、日期类型，HTML5 中提供了多个可供选取日期和时间的输入类型，用于验证输入的日期，具体如表 15-2 所示。

表 15-2　日期和时间输入类型

时间和日期类型	说　　明
date	选取日、月、年
month	选取月、年
week	选取周和年
time	选取时间 (小时和分钟)
datetime	选取时间、日、月、年 (UTC 时间)
datetime-local	选取时间、日、月、年 (本地时间)

2) 提示信息

提示信息一般位于对应的表单控件之前或之后，用于说明表单控件的功能或含义。在 HTML5 中，使用 <label> 标签标记表单控件的提示信息，具体语法格式如下：

```
<label for="name"> 提示信息 </label>
<input type=" 类型 " id="name" />
```

其中，<label> 标签的 for 属性用于绑定提示信息与表单控件，其属性值为对应表单控件的 id 属性值。使用 for 属性绑定提示信息与表单控件后，在网页中单击提示信息所在区域也能够激活对应的表单控件，如选中单选钮、勾选复选框等，这大大提升了表单的可用性与可访问性。

3) 表单对象分组

对于内容较多的表单，可将表单对象分组放置，以便用户理解。在 HTML5 中，使用 <fieldset> 标签为表单对象分组。默认情况下，分成一组的表单对象外侧会显示一个包围框，分组标题显示在包围框的左上角，具体语法格式如下：

```
<fieldset>
    <legend> 分组标题 </legend>
    表单对象
</fieldset>
```

其中，<legend> 标签用于设置表单分组的标题。

三、资源准备

1. 教学设备与工具

(1) 电脑 (每人一台)；
(2) U 盘、相关的软件 (Adobe Dreamweaver CS6 或 HBuilder)。

2. 职位分工

职位分工表如表 15-3 所示。

表 15-3　职位分工表

职　位	小组成员 (姓名)	工　作　分　工	备　注
组长 A			小组角色由组长进行统一安排。下一个项目角色职位互换，以提升综合职业能力
组员 B			
组员 C			
组员 D			
组员 E			

四、实践操作——制作"反馈意见"页面

1. 任务引入、效果图展示

前面讲解了在 HTML5 中创建表单的方法，也介绍了表单中常用控件的添加方法，以及提示信息、控件分组的设置方法。本次实训将结合这些知识制作一个"反馈意见"的页面，效果如图 15-2 所示。

案例 15　制作"反馈意见"页面

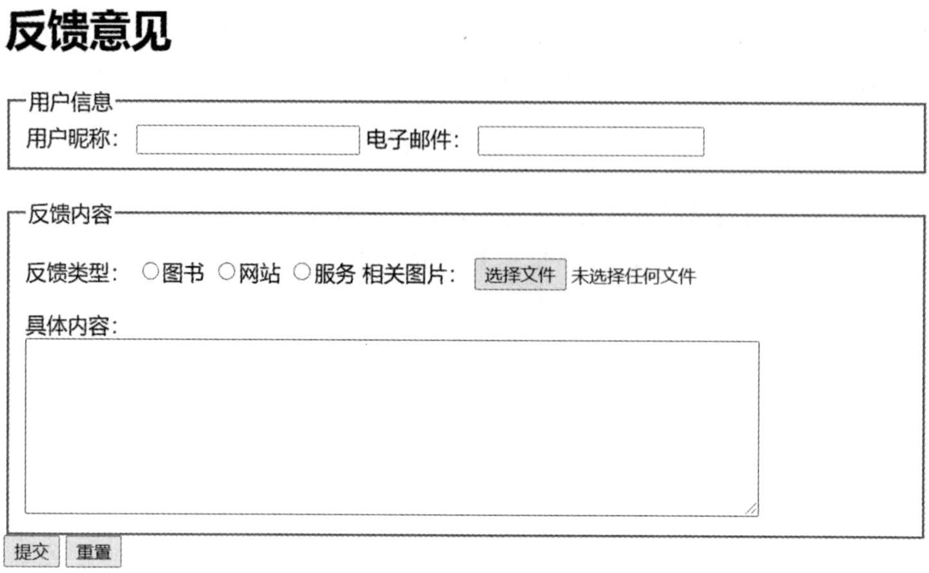

反馈意见

```
┌─用户信息──────────────────────────────────┐
│ 用户昵称：[          ]      电子邮件：[          ] │
└───────────────────────────────────────┘

┌─反馈内容──────────────────────────────────┐
│ 反馈类型：○图书 ○网站 ○服务 相关图片：[选择文件] 未选择任何文件 │
│ 具体内容：                                  │
│ [                                      ] │
│ [                                      ] │
│ [                                      ] │
└───────────────────────────────────────┘

[提交] [重置]
```

图 15-2 "反馈意见"页面效果

2. 任务分析

分析"反馈意见"页面的构成元素，并将其拆解为 3 个部分。其中，"反馈意见"几个字采用标题标签；表单部分由两个分组构成，分别是"用户信息"和"反馈内容"；表单底部的"提交"和"重置"按钮可用一个 div 单独放置。

3. 任务实现

(1) 启动 Hbuilder，并新建项目文件夹 example15，再将 index.html 改为"feedback.html"。

(2) 根据上述分析，使用相应的 HTML5 元素搭建网页结构，代码如下：

```html
<!DOCTYPE html>
<html>
  <head>
    <meta charset="utf-8">
    <title>【反馈意见】——关于网上书店的反馈意见 </title>
  </head>
<body>
    <main id="fb_m">
      <h1> 反馈意见 </h1>
        <form action="#" method="post">
          <fieldset>
            <legend> 用户信息 </legend>
```

```
    <div class="userim">
        <label for="username">用户昵称：</label>
        <input type="text" id="username">
        <span class="inline_us"></span><label for="email">电子邮件：</label>
        <input type="email" id="email" >
    </div>
</fieldset>
<br />
<fieldset>
    <legend>反馈内容</legend>
    <div class="fbim">
        <p><label>反馈类型：</label>
            <input type="radio" id="fb_book" name="fb_type" /><label for="fb_book">图书
</label>
            <input type="radio" id="fb_net" name="fb_type" /><label for="fb_net">网站</label>
            <input type="radio" id="fb_se" name="fb_type" /><label for="fb_se">服务</label>
                <span class="inline_fb"></span>
                <label>相关图片：</label>
                <input type="file" name="fb_p">
            </p>
            <label for="msg">具体内容：</label><br />
            <textarea rows="8" cols="80" id="msg"></textarea>
        </div>
    </fieldset>
    <div class="btns">
        <input type="submit" id="fb_sub" name="submit" />
        <input type="reset" id="fb_res" name="reset" />
    </div>
</form>
</main>
</body>
</html>
```

运行上述代码，效果如图 15-2 所示。

五、总结评价

实训过程性评价表（小组互评）如表 15-4 所示。

表 15-4   实训过程性评价表

组别：_____   组员：_____   任务名称：__制作"反馈意见"页面__

教 学 环 节	评 分 细 则	第　　组
课前预习	基础知识完整、正确（10 分）	得分：_____
实施作业	1. 操作过程正确（15 分） 2. 基本掌握操作要领（20 分） 3. 操作结果正确（25 分） 4. 小组分工协作完成（10 分）	各环节得分： 1:_____ 2:_____ 3:_____ 4:_____
质量检验	1. 学习态度（5 分） 2. 工作效率（5 分） 3. 代码编写规范（10 分）	1:_____ 2:_____ 3:_____
总分（100 分）		

六、课后作业

1. 填空题

(1) <input type="password" /> 表示该表单控件为_____。

(2) 禁用某个表单控件，需要设置它的_____属性。

(3) _____标签表示将表单对象分组显示，_____标签表示分组标题。

2. 判断题

(1) 向表单中的密码框里输入密码时，密码会显示为明文。（　　）

(2) 提交表单时有 get 和 post 方法，两者不仅在安全性上有区别，在数据量上也有区别。（　　）

3. 选择题

(1) 一个表单可以没有（　　）。

A. 表单域　　　　B. 表单控件　　　　　C. 提交按钮　　　　　D. 提示信息

(2) 下列 <input> 标签的 type 属性值中，表示提交按钮的是（　　）。

A. radio　　　　B. checkbox　　　　　C. button　　　　　D. submit

(3) 关于表单，下列叙述中错误的是（　　）。

A. 可以通过 <input> 标签添加单行文本框、单选按钮、复选框、提交按钮等

B. 可以使用 <lable> 标签绑定表单控件

C. 表单中只能放置表单控件与提示信息，不能放置图像、视频等元素

D. 表单中至少含有一个提交按钮

4. 要求

(1) 完成本实训工作页的作业。

(2) 预习任务 16。

任务 16 制作"学员信息登记表"页面

一、任务引入

通过学习，小 H 已经掌握了表单的功能、结构，创建表单的方法，input 元素及其相关属性。这里，小 H 将继续学习表单，主要涉及表单里 input 元素的其他属性、其他表单控件 (包括多行文本域、下拉列表、datalist 元素) 以及 CSS 美化表单的方法。最后通过制作"学员信息登记表"页面，进一步美化表单。

二、相关知识

1. input 元素的其他属性

除了 type 属性之外，<input /> 标记还可以定义很多其他属性，以实现不同的功能。

1) autofocus 属性

在 HTML5 中，autofocus 属性用于指定页面加载后是否自动获取焦点。将标记的属性值指定为 true 时，表示页面加载完毕后会自动获取该焦点。

2) form 属性

在 HTML5 之前，如果用户要提交一个表单，必须把相关的控件元素都放在表单内部，即 <form> 和 </form> 标签之间。当提交表单时，会将页面中不是表单子元素的控件直接忽略。form 属性适用于所有的 input 输入类型，在使用时，只需引用所属表单的 id 即可。

3) list 属性

通过 datalist 元素可以实现数据列表的下拉效果。list 属性用于指定输入框所绑定的 datalist 元素，其值是某个 datalist 元素的 id。

4) multiple 属性

multiple 属性指定输入框可以选择多个值，该属性适用于 email 和 file 类型的 input 元素。multiple 属性用于 email 类型的 input 元素时，表示可以向文本框中输入多个 E-mail 地址，多个地址之间用逗号隔开；multiple 属性用于 file 类型的 input 元素时，表示可以选择多个文件。如果要向文本框中输入多个 E-mail 地址，可以将多个地址之间用逗号分隔；如果要选择多张照片，可以按下 shift 键选择多个文件。

5) min、max 和 step 属性

HTML5 中，min、max 和 step 属性用于为包含数字或日期的 input 输入类型规定限值，也就是给这些类型的输入框加一个数值的约束。min、max 和 step 属性适用于 date、pickers、number 和 range 标签。

• max：规定输入框所允许的最大输入值。

• min：规定输入框所允许的最小输入值。

• step：为输入框规定合法的数字间隔，如果不设置，默认值是 1。

6) pattern 属性

pattern 属性用于验证 input 类型的输入框中，用户输入的内容是否与所定义的正则表达式相匹配。pattern 属性适用的类型是 text、search、url、tel、email 和 password 的 <input/> 标记。常用的正则表达式如表 16-1 所示。

表 16-1　常用的正则表达式

正则表达式	说　　明
^[0-9]*$	数字
^\d{n}$	n 位的数字
^\d{n,}$	至少 n 位的数字
^\d{m,n}$	m ～ n 位的数字
^(0|[1-9][0-9]*)$	零和非零开头的数字
^([1-9][0-9]*)+(.[0-9]{1,2})?$	非零开头的最多带两位小数的数字
^(\-|\+)?\d+(\.\d+)?$	正数、负数和小数
^\d+$ 或 ^[1-9]\d*|0$	非负整数
^-[1-9]\d*|0$ 或 ^((-\d+)|(0+))$	非正整数
^[\u4e00-\u9fa5]{0,}$	汉字
^[A-Za-z0-9]+$ 或 ^[A-Za-z0-9]{4,40}$	英文和数字
^[A-Za-z]+$	由 26 个英文字母组成的字符串
^[A-Za-z0-9]+$	由数字和 26 个英文字母组成的字符串
^\w+$ 或 ^\w{3,20}$	由数字、26 个英文字母或者下画线组成的字符串
^[\u4E00-\u9FA5A-Za-z0-9_]+$	中文、英文、数字包括下画线
^\w+([-+.]\w+)*@\w+([-.]\w+)*\.\w+([-.]\w+)*$	E-mail 地址
[a-zA-z]+://[^\s]* 或 ^http:// ([\w-]+\.)+[\w-]+(/[\w-./?%&=]*)?$	URL 地址
^\d{15}|\d{18}$	身份证号 (15 位、18 位数字)
^([0-9]){7,18}(x|X)?$ 或 ^\d{8,18}|[0-9x]{8,18}|[0-9X]{8,18}?$	以数字、字母 x 结尾的短身份证号码
^[a-zA-Z][a-zA-Z0-9_]{4,15}$	账号是否合法 (字母开头，允许 5 ～ 16 字节，允许有字母、数字、下画线)
^[a-zA-Z]\w{5,17}$	密码 (以字母开头，长度在 6 ～ 18 之间，只能包含字母、数字和下画线)

7) placeholder 属性

placeholder 属性用于为 input 类型的输入框提供相关提示信息，以描述输入框期待用户输入何种内容。在输入框为空时显式出现，而当输入框获得焦点时则会消失。placeholder 属性适用于 type 属性值为 text、search、url、tel、email 和 password 的 <input/>。

8) required 属性

HTML5 中，输入类型不会自动判断用户是否在输入框中输入了内容，如果开发者要求输入框中的内容是必须填写的，那么需要为 input 元素指定 required 属性。required 属性用于规定输入框填写的内容不能为空，否则不允许用户提交表单。

2. 其他表单元素

1) textarea 元素

当定义 input 控件的 type 属性值为 text 时，可以创建一个单行文本输入框。但是，如果需要输入大量的信息，单行文本输入框就不再适用，为此 HTML 语言提供了 <textarea></textarea> 标记。通过 textarea 控件可以轻松地创建多行文本输入框，其基本语法格式如下：

<textarea cols=" 每行中的字符数 " rows=" 显示的行数 ">

　　文本内容

</textarea>

<textarea> 元素除了 cols 和 rows 属性，还拥有几个可选属性，分别为 disabled、name 和 readonly，如表 16-2 所示。

表 16-2　textarea 元素的属性

属性	属性值	描　　述
name	由用户自定义	控件的名称
readonly	readonly	该控件内容为只读 (不能编辑修改)
disabled	disabled	第一次加载页面时禁用该控件 (显示为灰色)

2) select 控件

浏览网页时，经常会看到包含多个选项的下拉菜单，例如选择所在的城市、出生年月、兴趣爱好等。图 16-1 所示为一个下拉菜单，当单击下拉三角时，会出现一个选择列表，如图 16-2 所示。

图 16-1　下拉菜单　　　　　图 16-2　选择列表

使用 select 控件定义下拉菜单的基本语法格式如下：

```
<select>
    <option> 选项 1</option>
    <option> 选项 2</option>
    <option> 选项 3</option>
      ⋮
</select>
```

在上面的语法中，<select></select> 标记用于在表单中添加一个下拉菜单；<option></option> 标记嵌套在 <select></select> 标记中，用于定义下拉菜单中的具体选项；每对 <select></select> 中至少应包含一对 <option></option>。

在 HTML 中，可以为 <select> 和 <option> 标记定义属性，以改变下拉菜单的外观显示效果，如表 16-3 所示。

表 16-3　select 与 option 元素的属性

标记名	常用属性	描　　述
<select>	size	指定下拉菜单的可见选项数 (取值为正整数)
	multiple	定义 multiple="multiple" 时，下拉菜单将具有多项选择的功能，方法为按住 Ctrl 键的同时选择多项
<option>	selected	定义 selected =" selected " 时，当前项即为默认选中项

在实际网页制作过程中，有时候需要对下拉菜单中的选项进行分组，这样当存在很多选项时，要找到相应的选项就会更加容易。选项分组后，下拉菜单中选项的展示效果如图 16-3 所示。

图 16-3　下拉菜单的分组效果

要实现如图 16-3 所示的效果，可以在下拉菜单中使用 <optgroup></optgroup> 标记。

3) datalist 元素

datalist 元素用于定义输入框的选项列表，列表通过 datalist 内的 option 元素进行创建。如果用户不希望从列表中选择某项，也可以自行输入其他内容。datalist 元素通常与 input 元素配合使用，定义 input 的取值。在使用 <datalist> 标记时，需要通过 id 属性为其指定一个唯一的标识，然后为 input 元素指定 list 属性，并将该属性值设置为 option 元素对应的 id 属性值即可。

3. CSS 控制表单样式

使用 CSS 可以轻松地控制表单控件的样式，主要体现在控制表单控件的字体、边框、背景、内边距等。

三、资源准备

1. 教学设备与工具

(1) 电脑 (每人一台)；

(2) U 盘、相关的软件 (Adobe Dreamweaver CS6 或 HBuilder)。

2. 职位分工

职位分工表如表 16-4 所示。

表 16-4　职 位 分 工 表

职 位	小组成员 (姓名)	工 作 分 工	备 注
组长 A			小组角色由组长进行统一安排。下一个项目角色职位互换，以提升综合职业能力
组员 B			
组员 C			
组员 D			
组员 E			

四、实践操作 —— 制作 "学员信息登记表" 页面

案例 16　制作
"学员信息登记
表" 页面

1. 任务引入、效果图展示

前面讲解了表单及其属性、常见的表单控件及属性，以及如何使用 CSS 控制表单样式。为了使同学们能够更好地运用表单组织页面，本次实训将结合这些知识制作一个 "学员信息登记表" 页面，效果如图 16-4 所示。

图 16-4　传智学员信息登记表效果展示

2. 任务分析

1) 结构分析

从图 16-4 中可以看出，界面整体上可以由一个 <div> 大盒子控制，大盒子内部主要由表单构成。其中，表单由上面的标题和下面的表单控件两部分构成，标题部分可以使用 <h2> 标记定义，表单控件模块排列整齐，每一行可以使用 <p> 标记搭建结构。另外，每一行由左右两部分构成：左边为提示信息，由 <span> 标记控制；右边为具体的表单控件，由 <input/> 标记布局。图 16-4 对应的结构如图 16-5 所示。

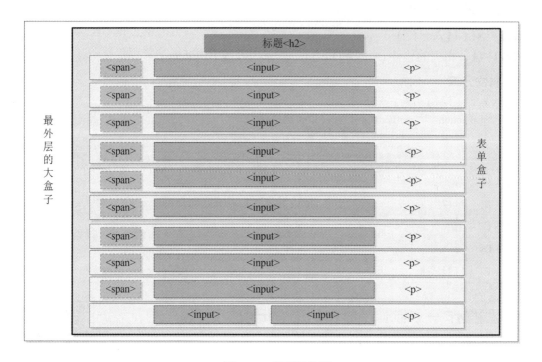

图 16-5　页面结构图

2) 样式分析

控制图 16-4 的样式主要分为 6 个部分，具体如下：

(1) 通过最外层的大盒子对页面进行整体控制，即对其设置宽高、背景图片及相对定位。

(2) 通过 <form> 标记对表单进行整体控制，即对其设置宽高、边距、边框样式及绝对定位。

(3) 通过 <h2> 标记控制标题的文本样式，即对其设置对齐、外边距样式。

(4) 通过 <p> 标记控制每一行的学员信息模块，并对其设置外边距样式。

(5) 通过 <span> 标记控制提示信息，将其转换为行内块元素，并对其设置宽度、右内边距及右对齐。

(6) 通过 <input/> 标记控制输入框的宽高、内边距和边框样式。分析"反馈意见"页面的构成元素，并将其拆解为 3 个部分。其中，"反馈意见"几个字采用标题标签；表单部分由两个分组构成，分别是"用户信息"和"反馈内容"；表单底部的"提交"和"重置"按钮可用一个 <div> 单独放置。

3. 任务实现

(1) 启动 HBuilder，并新建项目文件夹 example16，再将 index.html 改为 "information.html"，然后将所需图片素材拷贝至 img 文件夹中。

(2) 根据上述分析，使用相应的 HTML5 元素搭建网页结构，代码如下：

```
<!doctype html>
<html>
<head>
<meta charset="utf-8">
<title> 传智学员信息登记表 </title>
</head>
<body>
<div class="bg">
  <form action="#" method="get" autocomplete="off">
  <h2> 传智学员信息登记表 </h2>
  <p><span> 用户登录名：</span><input type="text" name="user_name" value="myemail@163.com" disabled readonly />( 不能修改，只能查看 )</p>
  <p><span> 真实姓名：</span><input type="text" name="real_name"  pattern="^[\u4e00-\u9fa5]{0,}$" placeholder=" 例如：王明 " required autofocus/>( 必须填写，只能输入汉字 )</p>
  <p><span> 真实年龄：</span><input type="number" name="real_lage" value="24" min="15" max="120" required/>( 必须填写 )</p>
  <p><span> 出生日期：</span><input type="date" name="birthday" value="1990-10-1" required/>( 必须填写 )</p>
  <p><span> 电子邮箱：</span><input type="email" name="myemail" placeholder="123456@126.com" required multiple/>( 必须填写 )</p>
  <p><span> 身份证号：</span><input type="text" name="card" required pattern="^\d{8,18}|[0-9x]{8,18}|[0-9X]{8,18}?$"/>( 必须填写，能够以数字、字母 x 结尾的短身份证号 )</p>
  <p><span> 手机号码：</span><input type="tel" name="telphone" pattern="^\d{11}$" required/>( 必须填写 )</p>
  <p><span> 个人主页：</span><input type="url" name="myurl" list="urllist" placeholder="http://www.itcast.cn" pattern="^http://([\w-]+\.)+[\w-]+(/[\w-./?%&=]*)?$"/>( 请选择网址 )
  <datalist id="urllist">
  <option>http://www.itcast.cn</option>
  <option>http://www.boxuegu.com</option>
  <option>http://www.w3school.com.cn</option>
  </datalist>
  </p>
  <p class="lucky"><span> 幸运颜色：</span><input type="color" name="lovecolor" value="#fed000"/>( 请选择你喜欢的颜色 )</p>
```

```
    <p class="btn">
    <input type="submit" value=" 提交 "/>
    <input type="reset" value=" 重置 "/>
    </p>
    </form>
  </div>
  </body>
  </html>
```

运行上述代码，效果如图 16-6 所示。

图 16-6　HTML 结构页面效果

（3）定义 CSS 样式。搭建完页面的结构后，接下来使用 CSS 对页面的样式进行修饰。这里采用从整体到局部的方式实现图 16-4 所示的效果，具体如下：

① 定义基础样式。首先定义页面的统一样式，代码如下：

```
    body{font-size:12px; font-family:" 微软雅黑 ";}            /* 全局控制 */
    body,form,input,h1,p{padding:0; margin:0; border:0; }     /* 重置浏览器的默认样式 */
```

② 整体控制界面。从图 16-4 中可以看出，界面整体上由一个大盒子控制，使用 <div> 标记搭建结构，并设置其宽、高属性。另外，为了使页面更加丰富、美观，可以使用 CSS 为页面添加背景图像，并将平铺方式设置为不平铺。此外，由于表单模块需要依据最外层的大盒子进行绝对定位，因此需要将 <div> 大盒子设置为相对定位。代码如下：

```
    .bg{
    width:1431px;
    height:717px;
    background:url(images/form_bg.jpg) no-repeat;    /* 添加背景图像 */
    position:relative;                               /* 设置相对定位 */
    }
```

③ 整体控制表单。制作页面结构时，我们使用 <form> 标记对表单界面进行整体控制，设置其宽度和高度。同时，表单需要依据最外层的大盒子进行绝对定位，并设置其偏移量。另外，为了使边框和内容之间拉开距离，需要设置 30 像素的左内边距。代码如下：

```
form{
    width:600px;
    height:400px;
    margin:50px auto;            /* 使表单在浏览器中居中 */
    padding-left:30px;           /* 使边框和内容之间拉开距离 */
    position:absolute;           /* 设置绝对定位 */
    left:48%;
    top:10%;
}
```

④ 制作标题部分。对于图 16-4 中的标题部分，需要使其居中对齐。另外，为了使标题和上下表单内容之间有一定的距离，需要对标题设置合适的外边距。代码如下：

```
h2{                             /* 控制标题 */
    text-align:center;
    margin:16px 0;
}
```

⑤ 整体控制每行信息。从图 16-4 中的表单部分可以发现，每行信息模块都独占一行，包括提示信息和表单控件两部分。另外，行与行之间拉开一定的距离，需要设置上外边距。代码如下：

```
p{margin-top:20px;}
```

⑥ 控制左边的提示信息。由于表单左侧的提示信息居右对齐，且和右边的表单控件之间存在一定的间距，因此需要设置其对齐方式及合适的右内边距。同时，需要通过将 <span> 标记转换为行内块元素并设置其宽度来实现。代码如下：

```
p span{
    width:75px;
    display:inline-block;        /* 将行内元素转换为行内块元素 */
    text-align:right;            /* 居右对齐 */
    padding-right:10px;
}
```

⑦ 控制右边的表单控件。从图 16-4 中右边的表单控件可以看出，表单右边包括多个不同类型的输入框，需要定义它们的宽、高及边框样式。另外，为了使输入框与输入内容之间拉开一些距离，需要设置内边距 padding。此外，幸运颜色输入框的宽、高大于其他输入框，需要单独设置其样式。代码如下：

```
p input{                        /* 设置所有的输入框样式 */
    width:200px;
```

```
    height:18px;
    border:1px solid #38A1BF;
    padding:2px;                    /* 设置输入框与输入内容之间拉开一些距离 */
}
.lucky input{                       /* 单独设置幸运颜色输入框样式 */
    width:100px;
    height:24px;
}
```

⑧ 控制下方的两个按钮。对于表单下方的提交和重置按钮，需要设置其宽度、高度及背景颜色。另外，为了使按钮与上边和左边的元素拉开一定的距离，需要对其设置合适的上、左外边距。同时，按钮边框显示为圆角样式，则需要通过"border-radius"属性设置其边框效果。此外，需要设置按钮内文字的字体、字号及颜色。代码如下：

```
.btn input{                         /* 设置两个按钮的宽、高、边距及边框样式 */
    width:100px;
    height:30px;
    background:#93B518;
    margin-top:20px;
    margin-left:75px;
    border-radius:3px;              /* 设置圆角边框 */
    font-size:18px;
    font-family:" 微软雅黑 ";
    color:#FFF;
}
```

至此，我们就完成了图 16-4 所示的传智学员信息登记表的 CSS 样式部分。将该样式应用于网页后，效果如图 16-7 所示。

图 16-7　添加 CSS 样式后的页面效果

五、总结评价

实训过程性评价表 (小组互评) 如表 16-5 所示。

表 16-5　实训过程性评价表

组别：_____　　　组员：_____　　　任务名称：制作"学员信息登记表"页面

教 学 环 节	评 分 细 则	第　　组
课前预习	基础知识完整、正确 (10 分)	得分：_____
实施作业	1. 操作过程正确 (15 分) 2. 基本掌握操作要领 (20 分) 3. 操作结果正确 (25 分) 4. 小组分工协作完成 (10 分)	各环节得分： 1:_____ 2:_____ 3:_____ 4:_____
质量检验	1. 学习态度 (5 分)	1:_____
	2. 工作效率 (5 分)	2:_____
	3. 代码编写规范 (10 分)	3:_____
总分 (100 分)		

六、课后作业

1. 填空题

(1) _____ 标签表示创建一个文本区域。_____ 和 _____ 属性分别表示文本区域每行的字符数和显示行数。

(2) ":required" 选择器能够匹配_____。

(3) _____ 属性用于指定页面加载后自动获取焦点。

2. 判断题

(1) HTML5 中，form 属性可以把表单中的子元素写在页面的任意位置，只需要为这个元素指定 form 属性并设置属性值为该表单的 id 即可。(　　)

(2) list 属性用于指定输入框所绑定的 datalist 元素，其值是某个 datalist 元素的 id。(　　)

3. 选择题

(1) 下列标签中，表示选择框的是 (　　)。

A. <option>　　　B. <select>　　　C. <label>　　　D. <datalist>

(2) 下列选择器中，能够匹配选中的单选按钮或者复选框的是 (　　)。

A. :focus　　　B. :checked　　　C. :enabled　　　D. :valid

(3) 关于表单，下列叙述中错误的是 (　　)。

A. 可以通过 \<input\> 标签添加单行文本框、单选按钮、复选框与提交按钮等

B. 可以使用 \<lable\> 标签绑定表单控件

C. 表单中只能放置表单控件与提示信息，不能放置图像、视频等元素

D. 表单中至少含有一个提交按钮

4. 实践操作

试根据实践操作素材，制作"会员注册"页面，效果图如图 16-8 所示。

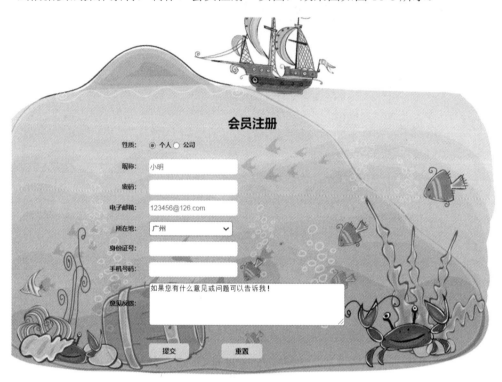

图 16-8 "会员注册"页面效果图

5. 要求：完成本实训工作页的作业。

参 考 文 献

[1]　张晓蕾 . 网页设计与制作教程 (HTML+CSS+JavaScript)[M]. 北京：电子工业出版社，
2014.

[2]　传智播客高教产品研发部 . HTML5+CSS3 网站设计基础教程 [M]. 北京：人民邮电出
版社，2016.

[3]　袁明兰，王华，郦丽华 . HTML5+CSS3 项目开发案例教程 [M]. 上海：上海交通大学
出版社，2020.

[4]　徐琴，张晓颖 . CSS+DIV 网页样式与布局案例教程 [M]. 北京：航空工业出版社，
2012.